海风下

[美] 蕾切尔·卡逊——著

王蓉——译

四川人民出版社

图书在版编目（CIP）数据

海风下 / (美) 蕾切尔·卡逊著 ; 王蓉译. -- 成都:
四川人民出版社, 2021.3

ISBN 978-7-220-11554-7

Ⅰ. ①海… Ⅱ. ①蕾… ②王… Ⅲ. ①海洋生物—普
及读物 Ⅳ. ①Q178.53-49

中国版本图书馆CIP数据核字（2019）285324号

海风下
HAIFENG XIA
[美] 蕾切尔·卡逊 著 王蓉 译

责任编辑	江 澄
出版统筹	谢 寒
封面设计	张 科
版式设计	张 妮
责任校对	吴 玥
英文校对	王晶晶
责任印制	李 剑
出版发行	四川人民出版社（成都槐树街2号）
网 址	http://www.scpph.com
E-mail	scrmcbs@sina.com
新浪微博	@四川人民出版社
微信公众号	四川人民出版社
发行部业务电话	（028）86259624 86259453
防盗版举报电话	（028）86259624
照 排	四川胜翔数码印务设计有限公司
印 刷	成都蜀通印务有限责任公司
成品尺寸	145mm × 210mm
印 张	6.875
字 数	160千
版 次	2021年3月第1版
印 次	2021年3月第1次印刷
书 号	ISBN 978-7-220-11554-7
定 价	52.00元

献给

我的母亲

To my mother

目录

CONTENTS

|第三卷|

河海之交

只要阳光雨露常在，这一切仍将继续；

直到最后一丝海风轻拂万物，

激起浪花滚滚。

——斯温伯恩

前　言

《海风下》这本书的创作旨在将海洋及其生物的故事变成栩栩如生的现实，讲给那些可能会读这本书的人们，就如同我在过去十年里所感受到的一样。

此外，之所以撰写这本书，是因为我深信海洋生物的故事是值得人们了解的。站在大海的边缘，体会着潮起潮落，感受着巨大的盐沼上飘动的薄雾的气息，观察着数千年来滨鸟沿着海岸线来回翱翔，时而飞起，时而俯冲，看着年迈的鳗鱼和年轻的西鲱一同游进大海，这样做都是为了要了解这些生物，它们几乎是地球上存活得时间最久的生物。它们在人类最初站在海岸边，满怀惊奇、极目远眺之前便已经存在；尽管人类王朝在不断地兴衰起落，它们却年复一年地持续生活着，历经了千秋万世。

在构思这本书的时候，从一开始我就面临着决定主角的问题。不久我就发现，很明显没有哪一种动物的踪迹能够遍布我所要描写的海洋的各个角落，无论是鸟类、鱼类、哺乳动物或者海洋里的任何一种小生物。然而，问题很快就解决了，因为我意识到无论自己愿不愿意，海洋本身才是故事的主角，而且必须是；因为想到海洋掌管着生活于其中的每一个生物的生杀大权，从最小的生物到最大的生物，无一例外，所以它难以避免地将贯穿全书的每一页。

《海风下》囊括了一系列描述性的故事，依次讲述了海滨的生物、远海以及海底的情况。因为在这本书里面，读者是通过阅读几乎没有任何评论的描述性语言来观察一切事件的，或许一些“程序”是很有必要的。

在第一卷“海之边缘”中，我再现了美国北卡罗来纳州海岸一片水域里面的生物。那里有着长满海燕麦的绵延起伏的沙丘，有着宽阔的盐沼，有着静谧的海湾，也有着荒芜的海滩。我的故事开始于春季，那时黑剪嘴鸥正从南方飞回来，西鲱也正从海洋洄游到河流，滨鸟大型的春季迁徙正处于高峰期。看着一只矶鹞在春日里沿着海边恣意奔跑，四处探寻，就意味着瞥见了一场冒险前夕的迁徙。这场迁徙甚是引人注目，以至于我用了整整一章来描写北极冻原滨鸟夏日里的冒险之旅。然后，我们随着鸟儿在夏末之际一起返回卡罗来纳州的海湾地区，继续观察鸟类、鱼类、虾类以及其他水中生物的一切活动，体验季节的变换。

第二卷“海鸥之径”的故事发生在相同的时间段内，只是地点变成了远海，但是这里的季节更替则有着不同的表现方式。远海是一个距陆地数英里的地方，那里的生物种类多样，美得不可思议，人们差不多对其全然不知，只有少数幸运者才有所了解。第二卷的故事是围绕一个真正的海洋漫游者——鲭鱼——而展开的，从它在孕育生命的大海的表面水域诞生开始，接着讲到它幼年生活在漂游的浮游生物群时所经历的变迁沉浮以及它年轻时藏身于新英格兰海湾里的时光，最后讲到它成为漫游于海洋的鲭鱼群里的一员。它们遭受着以鱼类为食的鸟类、大型鱼类和人类的蹂躏。

第三卷“河海之交”讲的是形成大陆边缘或者大陆架的平缓

倾斜的海床，陡峭下倾的大陆坡以及最终的深渊或者深海。幸运的是，有这样一种生物，其生活足迹囊括了以上所有区域，这在海洋和陆地的史册中是绝无仅有的。这种生物便是鳗鱼。然而，为了刻画这种杰出生物的全部生活，我们有必要从沿海河流那遥远的支流开始，在那里鳗鱼度过了自己成年生活的大部分时光，并且我们要追踪鳗鱼在秋季洄游到海洋的产卵迁徙。其他鱼类会在秋天离开海湾区域，它们向远方游着，直至找到温暖的水域好让它们过冬。但是鳗鱼会一直游下去，直至到达马尾藻海附近的一个深渊。在那里，它们会产卵，然后死去。每年春季，年轻的鳗鱼将离开这个陌生的深海世界，独自游回沿海河流。

要想了解作为一个海洋生物是什么感觉，那就需要你主动地发挥自己的想象力，并且将许多人类的概念和衡量标准暂时抛诸脑后。例如，如果你是一只滨鸟或者一条鱼，那么由钟表和日历来衡量时间对你而言毫无意义，但是光影交替、潮起潮落意味着觅食和禁食时间的不同，意味着敌人易于找到你的时间和你相对安全的时间的不同。我们无法全面的感受海洋生命的气息，无法投入其中产生共鸣，除非我们调整自己的思维方式。

另一方面，如果我们觉得一条鱼、一只虾、一只栉水母或者一只鸟似乎很真实——活生生的就如同一只动物实际上就是这样一般——我们也可以将它们类比为人类。正因为如此，我在创作中有意使用了某些表达，而这些表达在大多数科学写作中是不被认可的。例如，我曾说过，一条鱼"害怕"它的敌人，这并非因为我觉得鱼会像我们一样感受到恐惧，而是因为我觉得它表现得好像它受到了惊吓一样。对于鱼类而言，它们的反应主要是生理方面的；对我们人类而言，则主要是心理方面的。然而，要想使这条鱼的行为能够被人们所理解，我们就必须使用那些专门描述人类心理状态的词汇。

在为动物选择名字的过程中，我都尽可能地使用每个动物所处的属的学名。如果动物的学名太可怕了，我会用一些描写该动物外表的词语来代替，还有在给一些北极动物命名时，我会使用它们爱斯基摩语的名字。

这本书的末尾有一个词汇表，用来介绍鲜为人知的海洋动植物，也让已经认识那些动植物的读者们可以重新了解一次。

没有任何一个人，即使在漫长的一生中，可以通过亲身体验与每个时期的海洋和海洋生物变得亲密熟悉起来。为了补充我的个人经验，我从各种各样的科学和半通俗文献中自由选取了一些基本事实，在此基础上，我通过自己的个人理解，将其融入我的故事之中。要将我所参考过的所有文献都罗列出来是不可能的，但是一些突出的文献如下所示：阿瑟·克利夫兰·本特那无与伦比描写北美鸟类生活史的十三册系列丛书；亨利·比奇洛的《缅因湾的鱼》《缅因湾的浮游生物》以及他发表在科学期刊上关于他探索从缅因湾到哈特拉斯角之间的海滨水域的各种各样的文章；约翰内斯·施密特那篇研究鳗鱼生活史的意义深远的文章；乔治·萨顿的《南开普敦岛的探险之旅》；赛特关于鲭鱼生活史的未曾发表的手稿；以及约翰·默里爵士和约翰·约尔特所著的海洋学中的圣经《海洋深处》。

除了这些书面资料之外，我还通过和各种各样的人们进行交流而获益良多，他们将自己与海洋生物之间丰富多彩的经历告诉我，让我可以自由使用。在这些人中，我首先要提到的是埃尔默·希金斯，要是没有他对此的兴趣，对我的鼓励和帮助，这本书可能永远不会写出来。其他耐心地为我答疑解惑、提供帮助的人还有：威廉·内维尔、约翰·皮尔森和爱德华·贝利。

|第一卷|

海之边缘

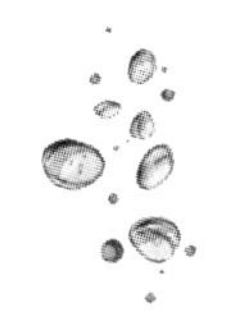

01
潮水之涨

这座岛屿笼罩在阴影之中，这片阴影比那些迅速绵延、悄然掠过东部海湾的阴影深了一点点。在其西海岸，狭长的海滩上，湿湿的沙子映射出微光闪烁的天空，仿佛铺设了一条波光粼粼的水路，从海滩直抵远方的地平线。海水和沙滩都被镀上了金属般的光泽，银光闪闪，让人很难说清楚海陆的分界线究竟在何处。

虽然这是一座小岛，小到一只海鸥扇动二十次翅膀就能飞过去，但夜幕还是已经降临到了它的北部和东部。这里的沼泽草恣意蔓延，没入深色的水中，矮生雪松和代茶冬青也渐渐地被笼罩在浓重的阴影之中。

黄昏时分，一只奇怪的海鸟从海岸外部的筑巢地飞到了这个小岛。它的翅膀是纯黑色的，展开后，双翼之间的距离比成人手臂还要长。它平稳地飞着，不紧不慢地飞过了海湾，就像一点一点吞噬掉那条明亮水路的阴影一般，步调从容，目的明确。这只鸟是一种剪嘴鸥，叫作黑剪嘴鸥。

靠近海岸时，黑剪嘴鸥飞得离海水更近了些，黑色的身躯化作巨大的剪影倒映在灰色的海面上，就像一只大鸟在天空刹那掠过时所留下的影子。它静悄悄地来了，扇动翅膀的声音几乎微不可闻，纵使有声音，也被湿沙滩上海浪翻滚贝壳的哗啦声所淹没了。

在最后一次朔望潮中，海水在新月的作用下，拍打着海岸沙丘边上的海燕麦。剪嘴鸥和它的同伴来到了海湾与海之间的沙地上。它们在尤卡坦半岛的海岸过完冬，之后便一路向北迁徙至此。沐浴在六月温暖的阳光下，它们在海湾的多沙岛屿和外海滩上产下鸟蛋，孵化出浅黄色的雏鸟。然而，起初长途飞行至此后，它们已疲惫不堪。白天退潮时，它们在沙洲上休息；夜晚时分，它们便在海湾及其周边的沼泽地里游荡。

在满月之前，剪嘴鸥就记住了这个岛屿。岛屿坐落在一个宁静的海湾上，海岸承接着南大西洋的巨浪。岛屿北部，一条幽深的沟壑将岛屿与大陆分割开来，退潮之时，海水在此的冲击甚为强劲。岛屿南部，沙滩坡度平缓，因此在平潮期，渔民可以涉水半英里去耙扇贝或者撒长网捕鱼，直至海水没过他们的腋窝。浅滩地带，幼鱼成群结队捕食着水里的小猎物，小虾向后翻转着尾巴畅游嬉戏。浅滩区的生物种类丰富多彩，吸引着黑剪嘴鸥每晚离开海岸上的筑巢地来此觅食，它们在水面盘旋着，筛选着自己的猎物。

日落时分，潮水已经退却了。此时，潮水又渐渐上涨，淹没了黑剪嘴鸥午后的休憩地，漫过了小水湾，流入了沼泽地。夜晚的大多数时间，黑剪嘴鸥都会去觅食，它们展开纤长的翅膀在水面上滑翔，搜寻着那些随着潮水游走，流入海草萋萋的浅滩地带的小鱼。因为它们总在涨潮时觅食，黑剪嘴鸥也被称作“涨潮鸥”。

在岛屿的南部海滩，那里的水深不足成人的一臂，海水缓缓地流过纹路分明的滩底，黑剪嘴鸥开始在浅滩上盘旋，驻守观望。它以一种奇特而轻盈的姿态翱翔着，向下俯冲，之后又高高扬起双翼。它的头压得很低，这样，它那如剪刀利刃般的长下喙便能够刺入水中。

这个长下喙，或者说是分水角，在海湾平静的水面上划出一道小小的水纹，水面便开始微波荡漾起来。微波穿过海水，到达沙质的海底之后又反弹回水里。正在浅滩漫游觅食的鲇鱼和鲹鱼便收到了这个信号波。在鱼类的世界里，许多讯息都是靠声波来传递的。有时候，水波振动说明像小虾或者桨足甲壳动物这些可以捕食的动物正在上方成群结队地游走。因此，当黑剪嘴鸥飞过水面时，一些饥饿的小鱼便小心翼翼地向水面游去，满怀好奇。而黑剪嘴鸥在上空盘旋一会儿之后，便会原路返回，在它短上喙迅速张合的瞬间，三条鱼就被叼走了。

“啊——”黑剪嘴鸥叫着。“哈——！哈——！哈——！”它的叫声很刺耳，粗大如咆哮，沿着水域传播得很远。从沼泽地那里传来了其他黑剪嘴鸥的应和声，仿佛回音一般。

当海水一点一点地漫上沙滩时，黑剪嘴鸥在小岛的南部沙滩上来回盘旋，引诱鱼儿沿着自己的路径往水面上游，然后在返回时将它们逮住。在它吃了足够多的小鱼来充饥后，它便拍打五六下翅膀，盘旋飞起，绕着岛屿恣意翱翔。它飞到多沼泽地的东部时，一群鲹鱼正在它下面的海草丛里面穿梭。不过它们是安全的，因为黑剪嘴鸥的翼幅太宽大了，让它无法在草丛中飞翔。

黑剪嘴鸥在居民所修建的码头周围忽然掉转方向，越过海沟，飞过盐沼，将其远远地落在身后，它在天空中恣意翱翔着，欢欣鼓舞。在那里，它加入了另外一群黑剪嘴鸥的队伍，它们成群结队，一起飞过了盐沼。它们时而仿若夜幕中出现的黑影，时而如同一群鬼魅；就像燕子在空中盘旋一般，露出了白色的胸脯和闪闪发亮的腹部。它们一边翱翔着，一边提高嗓音鸣唱着，组成了一支奇异的黑剪嘴鸥夜间合唱团。它们的曲调甚是古怪，时而高昂，时而低沉；时而轻柔得如同哀鸠在咕咕低鸣，时而刺耳得好似乌鸦在哑哑啼叫。整个合唱团的歌声忽高忽低，忽强忽弱，渐渐地，仿佛远处传来的犬吠声一般，消失于静谧的夜空之中。

涨潮鸥绕着岛屿飞翔，一次又一次地越过了浅滩地区，往南部飞去。整个涨潮期间，它们会成群结队地在海湾平静的水面上觅食。它们喜欢漆黑的夜晚，而今夜厚厚的云朵隔在水天之间，遮蔽了皎皎月光。

海滩上，海水轻抚着一排排不等蛤和小扇贝，发出柔和悦耳的叮当声。海水轻快地流过成堆的海白菜，唤醒了下午退潮时来此躲避的沙蚤。沙蚤乘着波浪的冲力漂了出来，在回流的海水中仰泳。在海水里，它们是相对安全的，不会受到它们的天敌沙蟹的攻击，虽然沙蟹悄无声息，身手敏捷，但是它们一般是夜间才在沙滩上出没的。

在岛屿周围的水域里，除了黑剪嘴鸥之外，还有许多其他生物夜间会在浅滩上觅食。随着夜色渐浓，拍打着沼泽草的潮水也越涨越高，两只钻纹龟悄悄地溜进潮水之中，加入到它们同类的游行队伍中。这两只是雌性的钻纹龟，它们刚刚在高潮线以上的沙滩里产完卵。它们在松软的沙滩上用自己的后肢刨出了一个深度不及自己身体长度的壶状巢穴，然后它们在里面产卵，一只钻纹龟产下了五枚卵，另一只钻纹龟产下了八枚卵。它们小心翼翼地用沙子将卵覆盖起来，然后在周围爬来爬去，抚平沙面，掩藏巢穴的位置。在沙滩上还有不少其他的巢穴，但是没有一个巢穴出现的时间超过两周，因为钻纹龟的产卵季从五月才开始。

当黑剪嘴鸥跟着鲻鱼向沼泽地的庇护所飞去时，它看到那两只钻纹龟正在浅滩区域湍急的潮水里面游走。钻纹龟一点一点地咬着沼泽草，几只爬到扁平叶片上蜷缩着的小蜗牛变成了它们的盘中之餐。有时候，钻纹龟会游到海底捕食螃蟹。这时，其中一只钻纹龟从两根像桩子一样，插进沙子里面的细圆柱中间游了过去，那其实是“独行侠”大蓝鹭的两条腿，每天晚上它都会从三英里之外的栖息地飞到这座岛屿上捕鱼。

大蓝鹭一动不动地站着，脖子向后弯曲，扭向肩膀一侧，它的喙时刻准备着，只要有鱼儿从它的两腿之间窜过去，它就一口啄下去。当那只钻纹龟往深水区游去之时，一只鲻鱼被吓得惊慌失措，急急忙忙地向沙滩游去。目光敏锐的大蓝鹭注意到了这一动静，迅速一啄，一下子就把鱼叼住了。它把这只鱼抛到空中，接住鱼头，随即便将整条鱼吞了下去。除却前面捉到了的小鱼苗，这是它当天晚上捕到的第一条鱼。

高潮线上杂乱无章地布满了海藻的残骸、一些树杈、风干的蟹爪以及贝壳的碎片，而潮水已经快涨到一半的位置了。高潮线之上的沙滩上，传来一阵骚动，钻纹龟近期开始在此处产卵。这个季节产下的幼龟的卵要到八月才会孵化，但是许多去年的幼龟仍然藏在沙子里的巢穴之中，尚未从冬眠中苏醒过来。冬季，幼龟靠胚胎时期剩下的蛋黄养分来生存。有很多幼龟在此期间夭折了，因为冬天很漫长，冰霜深深地渗入沙子里面。那些幸存下来的钻纹龟也非常瘦弱憔悴，它们在壳里的身体萎缩得很严重，比刚孵化出来的时候还要小。现在它们在沙滩上有气无力地爬着，而成年的钻纹龟正在此处产下新一代的幼龟。

大约在潮水涨到一半的时候，钻纹龟卵床上方的草丛里有了一些动静，如同微风拂过一般，但是当天晚上却并没有起风。沙床上的草丛被拨开了，一只老鼠映入眼帘，它不仅老练狡猾，而且充满了对血液的欲望，用自己的四肢和粗粗的尾巴在草丛中开辟出一条平坦的小路，然后沿着这条路走到了水边。这只老鼠和它的伴侣以及其他同类生活在一个渔民存放渔网的旧棚子里面。许多在这座岛屿上筑巢的鸟儿产下的鸟蛋以及雏鸟都会成为老鼠们的珍馐美食，因此它们的日子过得还不错。

当那只老鼠从钻纹龟巢穴旁边的草丛里探出脑袋，察看外面的情况时，大蓝鹭在离它不远处的水面上忽然腾空而起，拍动着自己强劲有力的双翅，越过岛屿，往北部的海岸飞去。原来，大蓝鹭看到两个渔民正乘着渔船从岛屿的西端过来了。借着船头火把的光芒，渔民正在浅滩中用鱼叉叉比目鱼，一下一下地朝着鱼的下方刺去。一道黄色的斑驳光芒在黯淡的水面上移动，引导着渔船前进。船只行进时，水面泛起了道道涟漪，朝着岸边荡漾而去。沙床上方的草丛里，老鼠的一双眼睛绿光闪闪，一动不动地注视着眼前的一切，直到渔船驶过南部海岸，往小镇码头前进。这时，这只老鼠才从小路上悄悄溜回沙滩。

空气中充斥着浓郁的钻纹龟和新产下的钻纹龟卵的气息。这只老鼠兴奋极了，一边四处嗅来嗅去，一边吱吱地欢叫。它开始掘沙，几分钟就发现了一枚卵，它刺穿了蛋壳，吸食了蛋黄。然后，它又发现了两枚卵，它本打算吃掉它们的，但是它听到附近沼泽草丛里面有动静——一只年幼的钻纹龟正挣扎着从潮水中爬出来。它本藏身于根茎和泥土交缠在一起的草丛中，但现在潮水却淹没了这里。一个黑影穿过了沙滩，越过了潮水的旁支分流。这只老鼠抓住了年幼的钻纹龟，用牙咬着它，叼着其前行，穿过沼泽草地，来到了更高一些的沙丘上。它全神贯注地啃咬着幼龟薄薄的龟壳，丝毫没有注意到潮水正悄悄地涌上来，渐渐地淹没了沙丘。就在此时，涉水回到岛屿海岸的大蓝鹭恰巧发现了这只老鼠，一口便咬了下去。

除了海水流动的声音和水鸟的叫声之外，那天晚上几乎没有其他的声响。风也睡着了。水湾那里传来了海浪拍打沿岸沙滩的声音，但是远处的大海也异常安静，微弱的海浪声如同叹息一般，仿佛大海在海湾外面睡着了一样，只剩下均匀的呼吸声。

只有最灵敏的耳朵才能听见寄居蟹拖着自己的贝壳房子沿着海岸线上方的沙滩前进的声音：这只小精灵拖着脚在沙滩上走着，当它拖着自己的贝壳房子碰到了其他的贝壳房子时，沙砾就会摩擦作响。也只有最灵敏的耳朵才能听出溅起的小水滴落下的叮咚声，就像小虾被海里的鱼群追逐，纵身跃出水面所激起的小水花一样。但是，夜间岛屿的声音、海水的声音以及海岸的声音却一直未曾被人注意到。

陆地上也寂静无声。只能听到一种昆虫发出的微弱的颤音，这是石鳖所鸣奏的春之序曲，之后它会用绵绵不绝的奏鸣曲向春日的夜晚致敬。雪松上睡着的鸟儿——寒鸦和嘲鸫——在睡梦中呢喃低语，时不时醒过来，彼此之间迷迷糊糊的唧啾几声。大约午夜时分，一只嘲鸫几乎鸣唱了有一刻钟，将白天自己听到的所有鸟儿的歌声都模仿了一遍，同时还融入了自己的颤音、笑声和口哨声。然后，它自己也安静下来，整个夜晚便又只剩下大海和海浪声。

那天晚上，有许多鱼从海峡的深水中游过来。它们腹部圆润，鱼鳍柔软，全身布满了大片的银鳞。这是一群刚刚从大海洄游至此产卵的西鲱。它们已经在水湾的海浪线外待了好几天了。今晚，乘着上涨的潮水，它们游过了那些指引渔民从海峡外面回来的浮标，穿过了水湾，正通过海峡横渡海湾。

夜色渐深，潮水向沼泽地的高处逼近，向河流的河口处流去。银色的西鲱加快了它们的动作，摸索着往盐分较低的水流游去，这是通往淡水河流的路径。河口很宽，水流缓慢，比海湾的狭长地带要略宽一些。河口的岸边盐沼遍布，沿着蜿蜒的河道一路向上，远处，奔流不息的潮水以及水中苦涩的味道都说明这一切源自于海洋。

一些洄游的西鲱只有三岁，这是它们第一次回来产卵。还有一些则比它们大一岁，是第二次洄游到这条河上游产卵。这些西鲱都是很聪明的，它们不仅能判断河流的方向，也能应对时不时在河流中出现的陌生的纵横交错的渔网。

那些年幼的西鲱对河流的记忆是非常模糊的，这里我们说的“记忆”可以称之为感官的强烈反应，因为西鲱精巧的鱼鳃和敏感的鱼侧线能够感知到河水盐分的减少以及流向陆地的河水的流速和振幅的变化。三年前，它们离开了这条河，顺流而下直到河口，在萧瑟的秋季来临之时游入大海，那个时候年幼的它们还没有人的手指长。之后，它们便忘记了这条河，在海里到处游荡，捕食着小虾和片脚类动物。它们涉足的区域如此之广，路线如此之曲折，没有人可以追寻到它们的踪迹。或许，它们藏在远离海面温暖的深水区过冬，在大陆架边缘的朦胧暮色中休憩，偶尔胆怯地在只有黑暗和寂静的深海边缘游走。或许，在夏季它们会游到远海，捕食海面上丰富的生物，闪闪发光的鱼鳞盔甲下面会增加一层又一层雪白的肌肉和肥美的脂肪。

当地球第三次穿过黄道带的时候，西鲱沿着只有它们自己知道，并且只有它们自己才能通过的航道徜徉前行。到了第三年，海水由于太阳南移而逐渐变暖，西鲱受到种族本能的驱使，便返回它们的出生地去繁衍后代。

现在洄游过来的鱼儿大多数都是雌性，它们怀着待产鱼卵，看起来大腹便便。此时已经是繁殖季节的末期了，大量洄游产卵的鱼群已经离开了。最先游到这条河里的雄鱼，已经到达产卵地，并且排下精子。在首批抵达此处的西鲱中，有一些鱼儿沿着河水逆流而上，游了一百英里，到达了河流尚未成形的发源地——一片幽暗的柏树沼泽地。

每条待产的雌鱼在繁殖季节会产下超过十万枚鱼卵。在这些鱼卵中，或许只有一两枚鱼卵能够孵化成小鱼，在危机重重的河流与海洋里面得以存活，并及时洄游到出生地去繁殖产卵。正因为大自然这种无情的选择方式，物种的规模才能保持稳定。

住在岛上的一个渔民在傍晚时分就外出撒网了，这个刺网是他和镇上的另一个渔民所共同拥有的。他们以几乎和河流西岸垂直的角度将这个大渔网固定起来，并且使其在河流中充分延展开来。当地渔民有一个代代相传的秘诀：从海湾的峡道游过来的西鲱在进入河口浅滩之后，由于水道封闭，通常会被堵在河流的西岸。因此，河流西岸布满了像建网一样的固定渔具，而那些使用移动渔具的渔民则要激烈地争夺所剩无几的几个地方来撒网。

今晚安置好的刺网上方，是建网长长的网墙，它被几根柱子牢牢地固定在松软的河床之上。一年前，使用建网的渔民还和使用刺网的渔民为此事吵了一架。因为使用建网的渔民发现使用刺网的渔民把刺网布在建网的正下游，拦截了大部分的鱼，而那些西鲱本应该是他们的网中之物。使用刺网的渔民寡不敌众，在接下来的捕鱼季里转移到河口的另一个地方捕鱼。在那里捕到的鱼儿少得可怜，于是使用刺网的渔民愤懑地咒骂着使用建网的渔民。今年，他们则试着在黄昏时分撒网，在黎明到来之前收网。他们的对手建网渔民一般在日出之时才去察看渔网，而在那个时候，刺网渔民早就把渔网收好放到渔船上，将船驶到了河流下游了，没有什么可以证明他们在哪里捕过鱼。

大约午夜时分，潮水即将涨到最高水位，浮标线开始上下摇摆，原来是刺网捕获了第一批洄游至此的西鲱。浮标线剧烈振动着，好几个软木浮子都被拽到水面下。这条四磅重的西鲱，一头扎入刺网的一个网孔里面，正在挣扎脱身。当它朝着刺网猛扑的时候，刺网上绷紧的环形线圈已经滑到它的鳃盖下面，紧紧地勒住了它纤弱的鳃丝；它再次猛扑，想要摆脱这个令它疼得火辣辣的、快要窒息的颈圈。对它而言，这个颈圈仿佛一个无形的钳子，卡得它动弹不得，既无法继续往上游，也无法往回游，去自己已经离开的海里寻找避难之所。

那天晚上，浮标线上下摇摆了好多次，很多鱼都被刺网困住了。其中，大部分的鱼都因为窒息而慢慢死去，因为鱼呼吸时，会通过嘴巴将水流吸入，然后再通过鱼鳃将水排出，而刺网的网线则干扰了鳃盖有节奏的呼吸运动。浮标线有一次晃动得非常剧烈，而且被拽到水下大概有十分钟。那是一只鹧鹕，当时它正在水下五英尺的地方快速追逐一条鱼，穿过刺网时，肩膀就被卡住了。它猛烈地挥动翅膀，扑腾着蹼，挣扎求生，但还是紧紧地被渔网缠绕着。这只鹧鹕很快就被淹死了。它的身体死气沉沉地垂挂在刺网上，旁边是二十来条银色鱼儿的尸体，它们的鱼头都朝着河流上游的产卵地，在那里，最早到达的那批西鲱正在等待着它们的到来。

当最开始那五六条西鲱落入渔网之时，生活在河口地带的鳗鱼就觉察到一场饕餮盛宴即将来临。从黄昏时分开始，它们就蜷着身子沿着河岸滑动着，将吻部探入蟹洞，猎捕它们所能抓到的任何小型水生生物。鳗鱼在一定程度上是靠自己的勤劳捕食生存的，但是它们也会在恰当的时机变成强盗，掠夺渔民刺网里面的猎物。

河口地带的鳗鱼几乎无一例外都是雄性的。幼鳗是在海里出生的，当它们从海里游到此处时，雌性鳗鱼会逆流而上，到达河流和小溪里面，但是雄性鳗鱼则会一直留在河口地带，等待它们未来的伴侣长得圆润丰满后回到河口与它们再度团聚，然后它们一起游回大海。

鳗鱼从沼泽草根下面的洞里面探出头来，轻轻地前后摇摆着身体，急切地品尝着吸入口中的水，它们敏锐的感官一下子就觉察出水里鱼血的味道，这血是被渔网困住的西鲱在挣扎求生时从鱼鳃里流出的鲜血，慢慢扩散到水里的。鳗鱼一条接一条地从洞穴里面溜出来，寻着水里的血腥味一路前行，直奔渔网。

鳗鱼在那天晚上大快朵颐了一番，因为渔网里面困住的鱼大部分都是待产的雌性西鲱。鳗鱼用锋利的牙齿咬破鱼腹，将鱼卵尽数吞下。有时候，它们会把所有鱼肉也吃得一干二净，最后只剩下鱼儿空空的皮囊，以及一两条困在里面的鳗鱼。像鳗鱼这种劫掠者，无法活捉在河里恣意畅游的西鲱，所以它们享用此等盛宴唯一的机会便是去刺网里面抢夺。

随着夜色渐深，涨潮期也过去了，逆流而上的西鲱也慢慢变少了，再也没有被刺网捕获。那些在退潮之前就被困住的西鲱里面，有一些被卡得不是很牢固，借着回流入海的潮水，摆脱刺网，重获自由。这些逃出刺网的西鲱，有的被建网的网墙所误导，沿着小孔的渔网网墙游到了建网的中心，随即落入网套，被困其中；但是大部分从刺网中逃出来的西鲱都会继续逆流而上，游了有几英里，如今正在休憩，等待下一次涨潮。

当渔民提着灯笼和一对船桨从渔船上下来时，岛屿北部海岸码头上的木桩露出两英寸湿湿的水位标志。渔民的靴子踩在码头上的砰砰声、将船桨放入桨架里的嘎吱声以及渔民驾船划过海沟前往小镇码头去接自己的同伴时，船桨溅起水花的哗啦声，这些声音打破了夜晚的宁静。之后，这座岛屿再次沉寂下来，继续等待着。

虽然东方依然还没有晨光，但是海水和天空中的黑暗却很明显淡化了，仿佛此时残留的黑暗不像午夜时分的那般坚不可摧、难以穿透。一阵清新的海风从岛屿东部吹过来，吹过海湾，拂过渐渐远去的潮水，漾起粼粼微波，轻拍着沙滩。

大部分的黑剪嘴鸥已经离开了海湾，顺着海湾口返回到外部海岸了。只有最初的那一只黑剪嘴鸥留了下来。它绕着这座岛屿翱翔，时而飞到沼泽地上空，时而飞到布满捕捉西鲱渔网的河口地带。飞行之旅的范围甚是宽广，但它似乎对此永远也不会感到厌倦。当它又一次穿过海沟往河口地带飞去的时候，天已经亮了，能够看到两个渔民正驾驶着渔船往刺网的浮标线旁边的位置停靠。白色的薄雾在海面上漂浮着，缭绕在渔民身旁，他们此时正站在船上使劲儿拉刺网末端的锚线。锚被拽出来时，顺带还扯出了一把川蔓藻，之后锚便被搁到船舱底部。

那只黑剪嘴鸥贴着水面飞翔，飞过上游大约一百英里后，掉转方向，在沼泽地上空绕了一大圈，最后又再次飞回河口地带。清晨的薄雾里掺杂着强烈的鱼腥味儿和水藻的气息，渔民的说话声也在水面上清晰可闻。他们一边咒骂，一边努力捞起刺网，把渔网上捕获的鱼儿解下来，然后将湿淋淋的渔网堆放到渔船平坦的底板上。

那只黑剪嘴鸥经过渔船之后，拍打了五六下翅膀继续飞翔着。其中一个渔民猛地将什么东西狠狠地抛了出去，那是一个鱼头，上面似乎还连着一根结实的绳索之类的东西。那其实是一条待产的大西鲱的骨架，在鳗鱼的饕餮盛宴之后，除了鱼头，剩下的就只有这些了。

黑剪嘴鸥又一次飞到河口地带的时候，它遇到了渔民。他们正趁着潮水退潮，驾着船往下游驶去，船上的成堆的渔网下面压着五六条西鲱。其他的西鲱都已经被鳗鱼啃咬而空，只剩下鱼骨架了。海鸥已经在安置过刺网的水域上方聚集起来，欢欣尖叫地享用着渔民扔出船外的西鲱的残骸。

潮水正在迅速消退，穿过海沟，奔流入海。当东方的晨光穿过云层，迅速洒满海湾的时候，这只黑剪嘴鸥转过身来，追随着急速消退的潮水，向大海飞去。

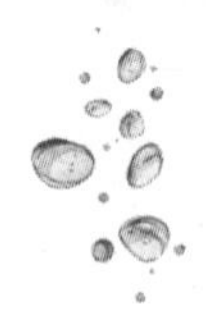

02 春日之迁

在大批西鲱成群结队穿过水湾游入河口的那个夜晚，候鸟也声势浩大地飞到了海湾地区。

在黎明时分，潮水已经退了一半，在障壁岛的海滩上，两只小小的三趾鹬沿着幽深的水面奔跑着，追逐着落潮边缘的片片薄浪。这两只鸟儿体态纤细，身披一袭赭色和灰色相间的羽翼，黑色的脚丫儿在硬邦邦的沙滩上轻快地奔跑着，就在那里，一团鼓胀的气泡和海水泛起的泡沫随波翻滚着，仿佛蓟花的冠毛一般。这两只三趾鹬是夜间从南部迁徙至此的几百只滨鸟大军中的成员。天黑时，这群候鸟在大沙丘的庇护下驻扎休憩，现在天色渐亮，潮水渐退，它们也被吸引着朝着海边飞去。

这两只三趾鹬在潮湿的沙滩上搜寻着小型薄壳的甲壳纲动物，它们沉浸在狩猎的兴奋之中，全然忘记了昨夜长途跋涉的疲惫。此时，它们还忘记了它们必须要在不久之后飞到一个遥远的地方——那里有着广袤的冻原、白雪皑皑的湖泊以及子夜时分的太阳。大黑脚是这群候鸟的首领，这已经是它第四次从南美洲的最南端飞到它的同类在北极的筑巢地了。在它短暂的一生之中，它追逐着太阳，从北到南，横穿全球，春迁秋徙，每次所行将近八千英里，一共已经飞翔了六万多英里。而那只跟它一起在沙滩上恣意奔跑着的雌性小三趾鹬才刚满一岁，这是它第一次回归北极的旅程。九个月之前，离开北极的时候，它还是一只刚刚学会飞翔的幼鸟。和其他年长一些的三趾鹬一样，小银条也脱下了自己珍珠灰的冬季羽翼，披上了黄棕色和赭色相间的崭新羽翼。所有要回归故乡的三趾鹬的羽毛都是这种颜色。

大黑脚和小银条在海浪的边缘搜寻着鼹蝉蟹，沙滩上到处都是它们的巢穴，密密麻麻地分布着，看着好像蜂巢一样。潮汐地带所有的事物里面，三趾鹬最爱吃的就是这种小小的卵形鼹蝉蟹了。每次浪潮退去之后，湿沙滩上浅浅密布的鼹蝉蟹的巢穴便会释放出气体，在沙滩上冒气泡泡。若是三趾鹬足够眼疾手快、步履稳健，那么它就可以在下一波海浪滚滚而来之前将喙插入蟹穴，将鼹蝉蟹叼出来。许多鼹蝉蟹被湍急的海浪从巢穴里面冲出来，在湿漉漉的沙滩上又踢又蹬。此时，三趾鹬常常会在这些不知所措的鼹蝉蟹尚未拼命挖洞隐藏住自己之前将它们擒住。

小银条紧紧地追逐着退去的海浪，它看到两个闪闪发光的气泡推开了一小堆沙粒，它知道鼹蝉蟹就在下面。尽管小银条在盯着那两个气泡看，但是它明亮的目光依然扫到了一个大浪正在细碎混乱的海面上逐渐形成。看着海浪滚滚，向沙滩涌来，它赶紧估算起这波海浪的行进速度。透过低沉的海浪声，它在浪尖拍岸之时听到了轻微的嘶嘶声。几乎在同一时刻，鼹蝉蟹那羽状的触角也在沙滩上露了出来。如山丘一般的碧浪席卷而来，小银条在浪尖下奔跑着，张开喙猛地刺入湿漉漉的沙滩，将鼹蝉蟹一下子就叼了出来。在海浪尚未打湿它的双腿之前，它急忙转身，逃往了沙滩的高处。

一只燕鸥沿着海浪线飞过来了，它黑色的头微微下倾，双目警惕地盯着水里鱼儿的动静。它密切地注视着那些三趾鹬，因为有时候，落单的小三趾鹬会受到惊吓，从而放弃自己已经到手的猎物。当那只燕鸥看到大黑脚迅速冲进海浪里面抓到了一只鼹蝉蟹时，它便恶狠狠地侧身向下方袭来，发出一连串尖厉而又刺耳的叫声，以示威胁。

“啼——啊——儿！啼——啊——儿！”燕鸥大声尖叫着。

这只白翼燕鸥的体型是三趾鹬的两倍大，它突然袭来，吓得大黑脚惊慌失措，因为大黑脚那会儿正在聚精会神地思考如何一边躲避猛然冲过来的海浪，一边不让自己喙里面叼着的那只大鼹蝉蟹逃走。大黑脚“唧啾！唧啾！”地尖叫着，腾空而起，在海浪上空盘旋着。那只燕鸥紧随其后，穷追猛赶，厉声尖叫着。

论在天空中倾斜飞行和急转弯的能力，大黑脚与燕鸥可以说是势均力敌。这两只鸟儿向前猛冲着，扭曲身体，急速转身，时而直冲云霄，时而坠下，穿梭于海浪之间。它们的叫声也淹没在沙滩上三趾鹬群的喧嚣之中。

当这只燕鸥快速飞到空中追赶大黑脚时，它忽然瞥见水中有一闪一闪的银光。它低下头，以便更加准确地定位自己新的猎物。它看到碧绿的海水之中有一道道银光闪闪的条纹，那是阳光照射到一群正在觅食的银汉鱼的肋腹上所形成的。这只燕鸥立刻转身，垂直向水面飞去。虽然它的体重不过几盎司，但是它却如同一块石头一样落入水中，水花四溅。几秒钟后，它钻出水面，喙里面便叼着一只瑟缩发抖的鱼儿。此时，燕鸥沉浸在水中银光所带来的兴奋之中，全然忘记了大黑脚的存在，而大黑脚也已经到达海岸，加入到正在觅食的三趾鹬大军之中，又像之前一样在那里奔波搜寻，忙碌觅食。

涨潮之后，海水翻滚得更加强劲，海浪更加汹涌澎湃，浪花拍击海岸的力度也更加猛烈。这一切都在警告那些正在沙滩上觅食的三趾鹬，此地已经不再安全了。于是，这群三趾鹬迅速腾空而起，飞到了海面上空，双翼上的白色条纹在天空中若隐若现，这个条纹是它们有别于其他鹬类的独特标志。这群三趾鹬掠过浪尖低空飞行，朝着沙滩前去。它们飞到了一个叫作“船之浅滩”的地方，多年之前海水曾在此处冲破障壁岛，涌入海湾。

在此处，小水湾的沙滩很平坦，连接着南部的大海和北部的海湾。宽广的沙坪是许多鸟类最喜欢的栖息地，如鹬、鸻以及其他滨鸟。同时，它也深受燕鸥、黑剪嘴鸥和海鸥的喜爱，这些鸟儿靠在海洋觅食而生存，但是它们却会聚集在海岸和沙嘴上休憩。

那日清晨，各种各样的鸟儿群聚于小水湾的沙滩之上。它们在此休憩，等待着潮水的变化，好再次觅食一番，在小小的身体内积蓄足够的能量，为北上之旅做好万全准备。时值五月，滨鸟春季的大型迁徙正处于高峰期。几周之前，水鸟就已经离开了海湾地带。自从上一群雪雁如同天空中的一缕缕云朵般往北方飞走之后，此处已经出现了两次大潮和两次小潮。秋沙鸭在二月的时候就已经离开了，去北部寻找第一个冰雪消融的湖泊。紧随其后的便是帆背潜鸭了，它们离开了生长着野生水芹的河口地带，追寻着日渐逝去的冬日，一路向北。还有那专吃海湾浅滩地区密布着的大叶藻的黑雁、身手敏捷的蓝翼水鸭以及低鸣浅唱的天鹅，它们轻柔婉转的声音在天空中余音袅袅。

随后，鸻如钟鸣一般的叫声便在沙丘之间回响起来，而杓鹬似口哨般的清脆啼叫也在盐沼上飘荡开来。那群栖息在海岸和沼泽地上的滨鸟沿着祖先的飞行足迹向北方涌去，寻找自己的筑巢之地。它们影影绰绰地在夜空中翱翔着，叫声温柔婉转，几乎微不可闻，轻轻地飘入早已进入梦乡的渔村。

现在，当水湾沙滩上的滨鸟都沉沉入睡之后，沙滩便成为其他狩猎者的地盘。当最后一只滨鸟停下来休息之后，高潮线上方松软的白色沙滩里面，一只沙蟹从自己的洞穴里钻了出来。它沿着沙滩快速前行，八条腿的腿尖着地，动作敏捷。它在一大堆被昨夜的潮水冲上来的海藻前面停了下来，此处距三趾鹬群旁边站立着的小银条不过十几步之遥。沙蟹的身体是像奶油的那种棕黄色，和沙子的颜色甚是相近，以至于它一动不动站着的时候就仿佛隐身一般。只有它的双眼，如同秸秆上的两个黑色鞋扣，色彩鲜明。小银条看到这只沙蟹蜷缩在由一堆海燕麦茬、几片滨草叶子以及几丛海白菜组成的海藻后面。它在此静待沙蚤一时大意，暴露自己的时刻。因为它知道，退潮时沙蚤会躲进海藻里面，啃食海藻，翻捡腐烂的残骸废渣。

在潮水还未来得及再涨一手之宽的时候，一只沙蚤从一片绿色的海白菜叶片下面爬出来，它灵活地将腿一伸展，纵身一跃便跳到了一株海燕麦的茎秆上。对这只沙蚤而言，这株海燕麦就仿佛倒下的松树一般大。那只沙蟹就像见到老鼠的猫一样，猛然扑过去，用自己的利爪，或者说螯，一下子就把沙蚤给抓住了，然后一口吞下。在接下来的一个小时里，它蹑手蹑脚地从一个有利位置转移到另一个有利位置来追踪自己的猎物，它抓到了好多沙蚤，大快朵颐了一番。

一个小时之后，风向变了，从海上来的风斜着吹拂着，越过了海峡。鸟儿们一个个地调整自己的位置，以便迎着海风。它们看到一个有着几百只成员的燕鸥群正在此处的海浪上空捕鱼。与此同时，水里面一群小银鱼正经过此处往海洋游去，天空中到处是向下俯冲的燕鸥的白色羽翼。

“船之浅滩”上的那些鸟儿每隔一段时间就会听到从高空中传来的飞行乐曲，那是一群又一群的黑腹鸻在匆匆赶路时所发出的叫声，它们还两次目睹了瓣蹼鹬排着长长的队伍向北方飞去。

中午时分，一群有着白色羽翼的雪鹭飞过了沙丘，而其中的一只雪鹭摇摆着自己黑色的长腿，降落在了一个池塘的边缘。这个池塘位于沙丘东侧和水湾沙滩之间，被沼泽地半包围着。这个池塘被称为“鲻鱼池”，多年前，这个池塘比现在要大一些，鲻鱼有时候会从海里游到这里，故得此名。每天，小雪鹭都会来这个池塘捕鱼，搜寻鲻鱼以及从自己身影之下游过的其他小鱼。有的时候，它也会发现一些大型鱼类的幼鱼，因为每个月潮水涨到最高的时候，会漫过海边的沙滩，带来海里面的各色鱼类。

正午时分的池塘寂静无声。在绿色的沼泽草的映衬下，这只雪鹭甚是显眼，它通体雪白，黑腿纤细颀长，一动不动地站立着，神情紧张。它目光敏锐，别说一片涟漪，就连一片涟漪的影子都休想从它眼皮底下溜走。随后，八条灰白色的小鱼排成一列，从泥泞的池塘底部上方游过，投入池塘里面的八抹小黑影也随着移动。

这只雪鹭像蛇一样扭动着自己的脖子，对着这支庄严的小鱼队伍猛地向下刺去，但是却没有刺中领头那条小鱼。它用脚将原本清澈的水搅得浑浊不堪，一边左右跳着一边兴奋地拍打着自己的翅膀。这群小鱼被这突如其来的袭击吓得惊慌失措，四处逃窜。尽管雪鹭费尽心力，但却只抓到了一条小鱼。

当一只渔船驶到此处，船底与海湾沙滩摩擦作响的时候，这只雪鹭已经捕了一个小时的鱼了，三趾鹬、鹬和鸻则已经睡了三个小时了。两个渔民从船上跳到水里，准备在涨潮的时候将地曳网拽到浅滩上。这只雪鹭抬起头来，侧耳倾听着。透过池塘靠近海湾那一边的海燕麦的边缘，它看到一个渔民正从沙滩一路向水湾走来。雪鹭有些惊慌，用脚使劲儿地往泥里面一蹬，拍打着翅膀从沙丘上飞了起来，向一英里之外雪松丛林里面雪鹭群的栖息地奔去。还有一些滨鸟一边叽叽喳喳地叫着，一边也穿过沙滩往海洋飞去。此时，一群燕鸥已经在上空盘旋着，嘈杂吵闹乱作一团，就像数百张碎纸片迎风而舞一般。三趾鹬也飞了起来，它们整齐划一地盘旋、转身，穿越此地，沿着沙滩往海洋飞行了大约一英里。

那只仍然在猎捕沙蚤的沙蟹被头顶乱作一团的鸟儿以及它们疾驰而过时投射到沙滩上的一抹抹影子吓得惊慌失措。因为此时它离自己的洞穴很远。当它看到那个渔民正朝着沙滩这边走来的时候，它一头冲进海浪里面，相比逃跑，此时它更愿意用这种方式避难。然而，一条大大的海峡鲈鱼正在附近潜伏着，刹那之间沙蟹就被它抓住吃掉了。当天晚些时候，这条海峡鲈鱼遭到了鲨鱼的袭击，它身体的残骸被潮水冲到了沙滩之上。沙蚤，作为海岸的食腐动物，一拥而上，将它的残骸啃食得一干二净。

黄昏时分，三趾鹬再次来到“船之浅滩”上休憩，侧耳聆听着天空中杓鹬振翅而翔时发出的轻柔的声音。这群杓鹬是从盐沼飞到水湾沙滩的，想要在此处歇息过夜。听到这些奇怪的声音，又看到这么多大鸟在天空中飞来飞去，小银条不安地蜷缩在一些年长的三趾鹬身旁。这群杓鹬肯定有数千只了。天黑之后，这群杓鹬排着“V”形长队，密密麻麻地飞了过来，它们的着陆过程持续了一个小时。每年这群有着镰刀状喙的棕色大鸟在向北迁徙的路途之中都会在淤泥滩和沼泽地上停下来，捕食招潮蟹。

不远处，几只个头还不到人拇指甲盖大的招潮蟹正在沙滩上穿行。它们在沙滩上爬行时的声音就像是风吹拂着沙粒一般微弱，因此即使是在三趾鹬群边缘处休憩的小银条竟然也没有觉察到它们在移动。它们跋涉到浅滩，让自己的身体浸泡在清凉的水里面。沼泽地上到处都是杓鹬，所以对于招潮蟹而言，这一天过得可谓是危险重重，心惊胆战。一个小时内，招潮蟹就会受到好几次惊吓，要么是看到有鸟儿飞过来，降落到沼泽地上，投下一抹阴影；要么是瞥见杓鹬沿着海岸线走过来，吓得这群小东西仿佛受惊的牛群一般四处乱窜。然后，这数百只脚就会在沙滩上来回奔走，这声音听起来就像是翻动硬纸片所发出的啪嗒声。大部分招潮蟹竭尽全力往洞穴里面钻，无论这个洞穴是不是自己的，只要能够得着，它们就拼命钻进去。但是，沙滩上的这些狭长而又曲折的通道其实并非一个牢靠的避难所，因为杓鹬那弯弯的喙可以刺入沙地深处，探查到它们的行踪。

现在，伴随着令人愉悦的暮光，这群招潮蟹沿着海岸线移动着，在沙丘之间搜寻着潮水退却之后所留下的食物。它们用自己小小的取食螯在沙粒中到处探查，筛食着微小的藻类细胞生物，忙得不可开交。

那些已经跋涉入水的招潮蟹都是雌性，它们大腹便便，里面都是蟹卵。由于身怀大量蟹卵，这些雌性招潮蟹行动迟缓笨拙，无法从敌人手里逃脱，所以它们一整天都只能藏在洞穴深处。此刻，它们在水里面来回摆动着，试图摆脱自己身上的重担。它们之所以这么做是本能使然，这可以让附着于母蟹身上的蟹卵尽快排出，那些蟹卵看起来就仿佛一串串微小的紫葡萄。尽管产卵季才刚刚开始，但是有些招潮蟹已经孕育出灰色的蟹卵了，这标志着新生命即将诞生。对于这些招潮蟹而言，夜间海水典礼式的冲刷可以使这些蟹卵孵化。母蟹的身体每动一下，就会有许多卵壳裂开，一团又一团的幼蟹便会被投入水中。即使那些正在海湾安静的浅滩地带啃食贝壳上的海藻的鲻鱼几乎都未注意到有一群群新的生命从身边漂游而过，因为所有这些从封闭的卵壳里面释放出来的幼蟹都小得可以穿过针眼。

退潮还在持续，一团团的幼蟹被卷走，冲到了水湾地带。当第一缕阳光悄然拂过水面的时候，它们就会发现自己来到了远海这个陌生的世界。它们必须独自克服身边的重重危险，除了与生俱来的自我保护的本能之外，它们孤立无援。它们中的许多幼蟹都失败了。其他幸存者在经过数周的冒险之旅后，会在一些遥远的海岸停留休憩。在那里，潮水会为这些招潮蟹奉上饕餮盛宴，而沼泽草则会成为它们的家园和栖身之所。

夜间甚是喧嚣，黑剪嘴鸥在水湾上方追逐嬉戏着，它们的叫声在夜空此起彼伏。皎皎月光倾泻而下，在水面上映出了一道白色的光路。三趾鹬经常在南美洲见到黑剪嘴鸥，因为它们中的许多三趾鹬在过冬时会一路向南飞去，飞到远方的委内瑞拉和哥伦比亚。和三趾鹬相比，黑剪嘴鸥其实是热带鸟类，它们对滨鸟们所归属的白色世界一无所知。

哈德逊杓鹬正在迁徙，它们飞得很高，空中不时地传来它们的叫声，在夜间袅袅回荡着。在沙滩上休憩的杓鹬被吵得焦躁不安，有时候会以哀怨凄楚的叫声予以回应。

今夜是月圆之夜，也是出现朔望大潮之时。潮水涌入沼泽地深处，拍打着渔民码头上的地板，使得渔船因为潮水的冲刷而紧紧拽着锚。

海面上闪烁着月亮洒下来的皎皎银光，引得许多枪乌贼游到水面上来，它们沉醉于迷人的月色，神魂颠倒。这些枪乌贼漂浮在水面之上，目光紧紧地盯着月亮。它们轻轻地吸入海水，然后再将水喷射而出，以此倒着推动自己行进，渐渐远离它们所注视着的亮光。因为被月光弄得头晕目眩，它们的感官并没有意识到自己正往危机四伏的浅滩地区游去，直到触碰到粗糙的沙子，它们才猛然惊醒。搁浅之时，这些倒霉的枪乌贼拼命从体内泵出水来，企图退回到海里，可是这使得它们的身体被抽干，变成了一片片极薄的膜躺在沙滩上，而那里的海水早就已经退却了。

清晨，三趾鹬迎着第一缕晨光走到海浪线那里觅食，它们发现水湾海滩上躺满了死去的枪乌贼。三趾鹬并未在沙滩这一带逗留，因为尽管此时天色尚早，但是许多大鸟已经聚集在此处，为争夺这些枪乌贼而吵闹不休。其中有些大鸟是往返于墨西哥湾海岸和新斯科舍半岛之间的银鸥。它们的行程已经被暴风雨耽搁许久，此时正是饥肠辘辘。十几只黑头笑鸥也飞过来了，在沙滩上空盘旋着，“咪咪”地叫个不停，它们摇晃着双脚，似乎想要降落下来。但是银鸥发出尖厉的叫声，用喙猛烈地刺着笑鸥，将它们从自己的地盘赶跑了。

正午时分，随着潮水的上涨，海上刮过来一阵强风，吹着暴风云滚滚而来。一排排绿莹莹的沼泽草迎风起舞，左摇右摆，草儿被强风吹弯了腰，下垂的叶尖和上涨的潮水来了个亲密接触。潮水上涨到四分之一处的时候，整个沼泽地都被深深地淹没在潮水之中。随着强风推着朔望大潮不断前进，零星分布在海湾上的沙质浅滩也被潮水尽数吞没，它们可是海鸥最中意的栖息地了。

三趾鹬和其他滨鸟群一样，纷纷逃到沙丘朝向陆地那一侧的斜坡下面避难。在那里，郁郁葱葱的滨草丛能够庇护它们。躲在避风港，它们看到一群银鸥仿佛一团乌云，从绿莹莹的沼泽草丛上方疾驰而过。飞行中的银鸥不停地变幻队形和改变方向，当领头的银鸥正在为眼前的栖息地是否合宜而迟疑的时候，后面的银鸥嗖一下就飞到了前面。现在它们在一个沙质浅滩上降落，准备在此休憩，可是此处的面积已经缩小到早晨时的十分之一了。海水还在不断上涨着，银鸥只好转移阵地。它们在布满牡蛎壳的礁石上方拍打着翅膀，盘旋着，尖叫着。那里的海水很深，足以没过银鸥的脖子。最后，整个银鸥群调转方向，逆着狂风一路前行，飞到了三趾鹬的附近，跟它们一起躲在沙丘的庇护下休憩。

被暴风雨所困，所有的迁徙大军只能在此等待，因为巨浪之下，谁也无法去觅食。在提供庇护的角落外，一阵暴风雨正在肆虐。海滩之上，两只小鸟被狂风吹得头晕目眩，虚弱无力，它们在沙滩上踉踉跄跄地走着，摔倒之后又爬起来，继续蹒跚而行。陆地于它们而言是个陌生的国度。除了每年为了哺育后代而去南极海洋的小岛短暂停留之外，它们的世界里就只有天空和汹涌澎湃的大海。它们是威尔逊海燕，又叫作“凯莉母亲的小鸡”，被风暴从数英里之外的海面席卷至此。下午时分，一只深褐色的鸟儿飞了过来，它长着纤长的翅膀和像鹰一般的喙，飞过沙丘，穿越了海湾。那只叫作大黑脚的三趾鹬和其他的滨鸟被吓得瑟瑟发抖，它们认出了这个古老的天敌，它们在北方的繁殖地所遭受的种种欺凌也浮现眼前。和那些海燕一样，这只猎鸥也乘着狂风，从远海一路飞到了此处。

日落之前，天空变亮了，风也减弱了。趁着天还亮着，三趾鹬群就离开了障壁岛，动身前往海湾。它们在水湾上空盘旋着，下方的河道蜿蜒曲折，犹如深绿色的丝带一般，一直延伸到海湾上的浅滩地区。它们沿着河道飞着，穿过了一个个倾斜着的红色柱状浮标，经过了潮水交汇之处，在潮水激起的浪花和漩涡中穿行，飞过了一个沉没了的布满牡蛎壳的礁石，最后来到了这个海岛。在此处，它们加入了数百只在沙滩上休憩的鸟群大军之中，里面有白腰滨鹬、美洲小滨鹬以及环颈鸻。

退潮之时，三趾鹬在海岛的沙滩上觅食，在黑剪嘴鸥踏着暮色而来之前，它们就已经安顿下来休息了。它们沉睡的时候，大地正从黑暗转变为光明。在海岸不同区域觅食的鸟儿们匆忙动身，沿着候鸟迁徙的所经之路一路向北飞去。暴风雨之后，气流再次变得清新怡人，海风从西南方徐徐吹来，沁人心脾。一整夜，天空中不断回荡着杓鹬、鸻鸟、滨鹬的叫声，以及矶鹞、翻石鹬和黄脚鹬的鸣唱。住在这个海岛上的知更鸟仔细聆听着这些鸟儿的叫声。次日，它们便会在自己那抑扬顿挫、浅笑轻吟的曲子里面加入自己新学到的音调，抑或取悦配偶，抑或自娱自乐。

离天亮大约还有一个小时，三趾鹬群聚在海岛的沙滩上，潮水轻抚着一排排的贝壳，甚是温柔。这一小群有着褐色斑点的鸟儿展翅翱翔，飞入了暗夜之中。随着它们不断向北方行进，身后的海岛也变得越来越小。

03
北极之约

三趾鹬到达北方时，那里依然是数九隆冬，寒意刺骨。它们飞到了这片贫瘠的陆地上，在冻原的边缘地带——一个如跃然而起的鼠海豚一般形状的海湾处降落。它们是第一批到达北方的迁徙滨鸟。山上依然银装素裹，皑皑白雪一直漂流至河谷深处。海湾里的冰雪也尚未消融，海岸亦是如此。冰雪形成绿色的锯齿状冰堆，在潮水的冲刷下移动、挣扎，嘎吱作响。

但是随着白昼逐渐变长，在阳光的照射下，南面山坡上的冰雪已经开始消融了，山脊处的风也把这层雪毯吹得越来越薄。那里，褐色的土地和银灰色的石蕊也露了出来。这样一来，蹄子尖利的驯鹿在这个季节觅食的时候，第一次可以不用把雪刨开。正午时分，雪鸮拍打着翅膀飞过冻原地带，在岩石间的许多小水池中欣赏着自己的倩影，但是下午过半时，这些水镜便会蒙上一层冰霜。

柳雷鸟的脖子上开始长出赭色的羽毛，狐狸和鼬雪白的毛皮上也生出了些许褐色的毛发。雪鹀成群地跳来跳去，一天天不断成长。柳树上的嫩芽膨胀开来，在明媚的阳光里露出第一抹春色。

迁徙的鸟儿都热爱着温暖的阳光，迷恋着碧波荡漾的海浪，但是迁徙至此后，它们却几乎找不到食物。三趾鹬凄惨兮兮地聚集在几株矮小的柳树下面，还好后面的冰碛为其挡住了凛冽的西北风。此时，它们只能以虎耳草刚刚长出来的绿色嫩芽为生，等到春日冰消雪融后，北极地区丰富多样的动物才会被释放出来，让它们饱餐一顿。

但是冬天尚未结束。这是三趾鹬回归北极之后第二次迎来阳光，太阳穿过昏暗的空气，发出黯淡的光芒。云层在冻原和太阳之间聚集变厚，滚滚而来。正午时分，天空中彤云密布，大雪将至。刺骨的寒风袭来，在远海和浮冰上方呼啸而过，带来一股砭骨寒气。气流一路前行，在进入温暖的平原地带后便化成缭绕的薄雾。

阿文古是一只旅鼠，昨天它还和自己的许多小伙伴一起在光秃秃的岩石上面晒太阳，此时它已经钻进洞穴之中。它沿着厚厚积雪的深处凿出来的蜿蜒隧道一路前进，到达了自己铺满杂草的小窝。纵使在数九隆冬，旅鼠居住的地方仍然十分暖和。那日黄昏时分，一只白狐在旅鼠的洞穴上方停了下来，举着爪子，一动不动。万籁俱寂，白狐灵敏的耳朵捕捉到小爪子在下方隧道里面走动的声音。春季，白狐曾经多次在积雪之中挖出旅鼠的洞穴，抓住好多旅鼠，大快朵颐了一番。此时，它只是尖厉地叫了几声，用爪子刨了几下积雪。它一点儿都不饿，因为一个小时之前，它路过一片柳树林，看到一只正在折树枝的柳雷鸟，它便将其杀死果腹。所以，今天它只是听了听声音，或许只是想确认一下，自从它上次来访之后，这个旅鼠部落还没有遭受鼬的袭击。然后它转过身来，沿着其他狐狸留下的足迹悄悄离开，甚至都没有停下来瞥一眼那群在冰碛背风处蜷缩着的三趾鹬。它越过了山丘，来到了远方的山脊地带，那是狐狸的聚居地，狐狸洞里面住着三十只小白狐。

那天深夜，大概是太阳落到厚厚的云层后面某个地方的时候，第一场雪就降临了。不一会儿，狂风四起，仿佛冰冷的洪水一般倾泻在冻原之上，彻骨寒气穿透了最浓密的羽毛和最保暖的皮毛。寒风从海洋那里呼啸而来，在其未至荒原之前薄雾就已经被吹散了，只剩下漫天的积雪云，这云层比刚刚飘散的薄雾更厚更白。

这只年轻的雌性三趾鹬——小银条自从大概十个月之前离开北极地区之后，便未曾见过雪。离开北极后，它便追随着太阳一路南下，直至其轨道的尽头，到达了阿根廷的草原和巴塔哥尼亚的海岸。它的生活中几乎到处都是太阳、宽阔的白色沙滩以及婆娑摇曳的绿色草原。如今，它瑟缩在矮柳树下面，虽然它距大黑脚并不远，跑二十几步就能到它身边，但是眼前白茫茫一片，小银条还是无法看到它的身影。三趾鹬直面着暴风雪，就像随处可见的滨鸟直面着狂风一样。它们紧紧地依偎在一起，翅膀贴着翅膀，用身体的温暖保护自己柔软的双脚不被冻伤，因为它们要靠着双脚蜷伏在一起。

如果那天晚上和次日一整天的风雪没有那么猛烈，死去的生物可能会少一些。一夜之间，河谷就被大雪一点一点地填满了，山脊上面洁白柔然的雪花堆积得越来越厚。从布满冰雪的海边，绵延至数英里之外的冻原地区，到遥远南部的森林边缘、起伏的山丘以及冰雪冲刷形成的山谷，都被大雪一点一点地填平了。一个白得有些瘆人的奇异世界正在逐渐形成。次日，在紫色的暮色之中，雪逐渐变小了。夜间，除了狂风的怒号声之外，万籁俱寂，因为没有任何一只野生动物敢在此时出没。

这场雪仿佛死神一般夺走了许多生命。它还袭击了两只雪鸮的巢穴，这个巢穴藏在半山腰一处深陷进去的沟壑内，这个位置离庇护着三趾鹬群的柳树林很近。那只母雪鸮产了六枚卵，已经孵化超过一周的时间了。在暴风雪袭来的第一天晚上，皑皑白雪在它周围堆积起来，留下一个圆形的凹陷圈，仿佛它身子下面坐的是河床上的一个壶穴。雪鸮一整晚都待在巢穴里面，用自己巨大的身体为卵保暖，尽管它的羽翼上几乎落满了毛茸茸的雪花。到了清晨，冰雪已经布满了它长满羽毛的爪子，渐渐地它周身便被冰雪覆盖。纵使有羽毛御寒，它还是被冻僵了。正午时分，天空中还洋洋洒洒地飘着棉絮般的雪花，雪鸮全身就只有头和肩膀还未被大雪掩埋。那天，有一个体型巨大的身影，如同雪花般洁白、悄无声息，在山脊上雪鸮巢穴的上方盘旋着。此时，这只雄性雪鸮奥克匹克正在以低沉而又嘶哑的声音呼唤自己的伴侣。雌性雪鸮被冻得麻木了，翅膀上沉沉的满是冰雪。听到呼声之后，它起身抖落身上的积雪，花了好几分钟才从雪堆里面钻了出来，跌跌撞撞地从被白雪深深包围起来的巢穴中爬了出来。奥克匹克对着它咯咯叫了几声，一般来说只有当雄雪鸮叼着旅鼠或者柳雷鸟雏鸟回家时它才会发出这种叫声。然而，自从暴风雪开始之后，它们两个就一直没有吃过东西。雌性雪鸮尝试着飞翔，但是它沉重的身体早就被冰雪冻僵了，便狼狈地摔落在雪地里。最后，它肌肉里的血液循环慢慢地恢复了，它才得以在空中飞行。这两只雪鸮展翅而翔，飞过了三趾鹬的避难之所，越过了冻原。

雪花飘落在温度尚存的卵上面，到了夜间，砭骨严寒将它们紧紧环绕，这些小胚胎的生命之火逐渐变弱。将卵黄里面的营养物质输送到胚胎的深红色血液在血管中流动得越来越慢。过了一段时间，细胞生长、分裂、再生长和再分裂从而形成雪鸮骨骼、肌肉和肌腱的剧烈活动也逐渐减缓，最终一切生命活动全部停止。小雪鸮巨大的脑袋之下那有节奏地跳动着的红色气囊时而停顿，时而律动，最后就彻底停止了。那六只尚未成形的小雪鸮就这样死在了皑皑白雪之中。或许，它们的夭折为数百只即将出生的旅鼠、柳雷鸟和北极野兔带来了更多的生存机会，因为这些长满羽毛、擅长空袭的雪鸮正是它们的天敌。

沟壑稍上方，几只柳雷鸟已经被大雪掩埋起来，那里原本是它们歇息过夜的地方。暴风雪来临的那天晚上，柳雷鸟飞过了山脊，降落在柔软的雪堆上面，羽毛覆盖的脚踩在雪上仿佛穿了双雪鞋一般。它们尽可能不在雪地上留下任何足迹，这样狐狸就无法循着足迹找到它们的巢穴了。在生死游戏之中，弱者要想战胜强者就必须遵守游戏规则。但是在今晚，却没有必要遵守这个规则了，因为大雪会将所有的足迹抹去，即使是最机敏的天敌也无迹可寻。虽然大雪堆积的速度很缓慢，但是睡着了的柳雷鸟还是被深深地掩埋在积雪之中，根本没有办法从雪堆里面钻出来。

三趾鹬群里面有五只已经被冻死了。雪鹀的状况也不容乐观，在雪地上拍打着翅膀，跌跌撞撞。当它们试着降落的时候，实在太虚弱了，站都站不住。

现在，暴风雪已经消逝，饥饿在这片荒原上蔓延开来。柳雷鸟的主要食物是柳树，但是如今大多数柳树都被掩埋在雪堆下面。去年的野草结出草籽的干枯梢头如今也挂上了一层闪闪发光的冰鞘，那草籽则是雪鹀和铁爪鹀的美食。狐狸和雪鸮的猎物——旅鼠，此时正安心地待在它们的洞穴里面。在这个静谧的世界里，以贝类、昆虫和其他海滨生物为食的滨鸟根本无处觅食。北极的春夜短暂且灰暗，现在许多捕猎的动物——无论飞禽还是走兽——都在夜间纷纷出动。当黎明的曙光划破夜空的时候，这些捕猎者们仍旧未曾离去，要么在雪地里轻步快走，要么拍打着强壮的翅膀在冻原上空翱翔，因为夜间捕捉到的食物还不足以果腹。

捕猎者中的一员便是那只雪鸮奥克匹克。在每年冬天最寒冷的那几个月里，也就是冰封的那几个月，奥克匹克会飞到荒原以南数百英里之外的地方觅食，在那里更容易抓到它最喜欢的食物——小型的灰色旅鼠。在暴风雪期间，奥克匹克寻遍了整个平原和俯瞰海洋的山脊，却找不到任何生物的迹象。但是今天，许多小型生物开始在冻原上活动起来。

在河流的东岸，一群柳雷鸟发现了雪堆上面露出来的几枝柳树的枝丫。这些枝丫原本是一个灌木丛的一部分，在大雪覆盖之前，它们有瘠地驯鹿的鹿角那么高。如今，柳雷鸟轻而易举地就能够到最高的枝丫，它们用自己的喙折食着这些枝丫。在春日来临、柔嫩的新芽萌发之前，它们对这样的食物已经感到心满意足了。这群柳雷鸟都还披着冬季的白色羽毛，只有一两只雄性的柳雷鸟长出了一些褐色的羽毛，这说明夏日和交配季即将来临。当一只身披冬羽的柳雷鸟在雪地里面觅食的时候，你只能看到它黑色的喙、滴溜溜转着的眼睛以及它展翅飞翔时露出的几缕尾羽，除此之外，周身雪白。即使是它们最古老的天敌——狐狸和雪鸮，在远处都会上当受骗。但是，它们的天敌同样也身披着北极地区的保护色。

现在，当奥克匹克来到河谷的时候，它看到柳树丛中有一些闪闪发亮的黑球在移动着，那其实是柳雷鸟的眼睛。这雪白的天敌朝着它们慢慢靠近，与苍白的天空融为一体，而这白色的猎物尚未受惊，在雪地里前进。忽然，“嗖”的一声，翅膀轻轻扑腾而过，雪地上顿时散开一抹鲜红，红得就像是刚刚产下的蛋壳色素尚未干透的柳雷鸟卵。奥克匹克用爪子抓着柳雷鸟，飞过了山脊，向更高的地方飞去，那里是它的瞭望台，它的伴侣也在那里等待着它。两只雪鸮用它们的喙撕开柳雷鸟温热的身体，按照以往一样，将骨头连着羽毛一起生吞活咽，稍后再将自己无法消化的东西吐出来。

对小银条来说，这种抓心挠肝的饥饿感是一种从未体验过的感觉。一周之前，它和三趾鹬群里的其他同伴一样，在哈德逊湾广阔的海滩上美美地饱餐一顿贝类大宴。几天之前，它们还在新英格兰地区海岸的沙滩上大快朵颐，吃了许多沙蚤，在南方的阳光沙滩上品尝了鼹蟹的滋味。从巴塔哥尼亚出发，一路北迁的八千英里的路途之中，它们从未缺吃少食。

年长些的三趾鹬早已适应了这份艰难困苦，耐心等待着退潮，那时它们便带着小银条和其他一岁大的滨鸟成群结队地到海港冰面的边缘地带。海滩上堆满了不规则的冰块和冰碴，但是最后一次潮汐卷走了破碎的浮冰，潮水退却后，沙滩上留下了一大片泥滩。数百只滨鸟早已聚集在此地，它们都是方圆几英里内从暴风雪中幸免于难的早徙鸟。它们密密麻麻地聚在一起，三趾鹬差点儿连落脚的地方都找不到，而且海滩上的每一平方英寸土地都已经被滨鸟的喙翻掘过了。通过在硬邦邦的泥地深处挖掘，小银条发现了几个像蜗牛一样蜷缩着的贝壳，但是壳内却是空无一物。它跟着大黑脚和另外两只刚刚满一岁的三趾鹬一起往沙滩飞了大约一英里，但是那里的土地早已被积雪覆盖，海港冻结，根本没有任何食物。

正当三趾鹬在冰块周围觅食无果之时，一只叫作图鲁嘎的乌鸦从它们头顶飞过，越过海岸，淡定从容。

“咯——啦——咯！咯——啦——咯！”它嘶哑地叫着。

为了寻找食物，图鲁嘎已经在海滩和冻原周围巡查了数英里。这只乌鸦在过去的几个月里所赖以生存的动物残骸，要么已经被冰雪覆盖，要么被海湾的浮冰冲走。这时候，它发现了一具狼群在早上围捕猎杀后的驯鹿的残骸，于是它呼朋引伴，一起享用美食。三只全身乌黑的鸟儿正在海湾冰面上快速行走，其中一只是图鲁嘎的配偶，它们正准备捕食一头鲸鱼的尸体。这只鲸鱼数月之前被冲到海岸边，对于常年生活在海湾附近的图鲁嘎和它的同伴们而言，这只鲸鱼几乎为它们提供了一整个冬天的食物。如今，暴风在浮冰上面刮开了一条通道，巨大的冰块推着鲸鱼的尸体进入了通道之中，最后冰块将通道口又堵住了。听到图鲁嘎找到食物的欢呼之声，这三只乌鸦立刻飞入天空之中，跟着图鲁嘎越过冻原，去啄食北美驯鹿骨头上面残存的一点点肉。

第二天晚上，风向转变，冰雪开始消融。

日复一日，地上如毯子般的积雪变得越来越薄。洁白的雪毯上面露出了大大小小的洞穴，褐色的洞穴是裸露出来的土地，绿色的洞穴是尚未解除冰封的池塘。当北极消融后的冰雪流往海洋的时候，山坡上的涓涓细流逐渐汇集成了小溪。小溪又逐渐汇聚成为奔腾的急流，消融了盐冰上面的锯齿状的缺口和沟渠，注入了沿岸地带大大小小的湖泊。湖泊里溢满了清澈的冰水，也挤满了各种各样的新生物，大蚊和蜉蝣的幼虫在湖底的淤泥之中翻动，北方各式各样的蚊子幼虫也在水中蠕动起来。

随着浮冰消融，低洼处的草地都已经被水淹没。旅鼠的洞穴——那些密密麻麻分布在北极地下的绵延数百英里的通道——如今也变得无法居住了。那些幽静的通道，那些铺满干草的祥和洞穴，甚至在冬季最猛烈的暴风雪来袭之时都是安然无恙的，此时却见识到了洪流旋涡的恐怖之处。旅鼠尽可能多的逃到了高处的岩石上或者砾石的山脊上避难，它们挺着自己胖乎乎的灰色身体在那里晒太阳，很快就把之前逃难时的黑暗和恐惧抛到了九霄云外。

如今，每天有数百只候鸟从南方迁徙至此，冻原上除了雄性雪鹀低沉的叫声和狐狸的吠声之外，还有许多其他的声音。从南方迁徙而来的杓鹬、鸻鸟、红腹滨鹬、燕鸥、海鸥以及鸭子，它们的叫声此起彼伏。还有高跷鹬刺耳的嘶叫声和赤背鹬清脆的歌声；白腹滨鹬的叫声甚是尖锐，就仿佛是新英格兰地区春季朦胧暮色中，雨蛙发出的如同雪橇铃声一般交替作响的合奏。

随着被冰雪覆盖的冻原上露出的土地越来越多，三趾鹬、鸻鸟以及翻石鹬聚集在冰雪消融的土地上，搜寻到了大量食物。只有红腹滨鹬选择在冰雪尚未消融的沼泽和有着保护性窟窿的平原一带觅食，那里莎草和野草干枯的种穗从雪地里面探出头来，有风吹过，便沙沙作响，草籽随即落下，可供鸟类食用。

大部分三趾鹬和红腹滨鹬都会继续前行，到遥远的北冰洋上星罗棋布的岛屿上去筑巢，繁衍后代。但是小银条和大黑脚以及一部分其他的三趾鹬则留在了海湾附近，留在了这个形如跃然而起的鼠海豚一般的海湾地带，与它们一起留下来的还有翻石鹬、鸻鸟以及其他的一些滨鸟。数百只燕鸥正准备在附近的岛屿上面筑巢，在那里它们就可以安全地避开自己的天敌狐狸；而大部分的海鸥都回到了内陆，在小湖泊沿岸栖息。夏日，北极平原上就嵌满了这些星星点点的小湖泊。

过了一段时间之后，小银条接受了大黑脚作为它的伴侣，这对夫妇退到了一个可以俯瞰海洋的多石高原上。岩石上面覆盖着一层苔藓和柔软的灰色地衣，在这片被海风吹拂着的开阔土地上，它们是这里生长出来的第一批植物。这里还稀稀疏疏地长着一些矮柳树，枝条上发出了嫩芽，垂着成熟的柳絮。野生水苏的花朵从零散的绿丛中昂起白色的笑脸，迎着太阳。山丘的南坡上有一个由积雪融化而形成的水池，池子里的水顺着古老的河床汇入了汪洋大海。

现在，大黑脚变得更加好斗了，它与每一只擅闯自己领地的雄鸟进行激烈的战斗。经过每一场战斗之后，它都会在小银条面前抖抖羽毛，炫耀一番。当小银条静静地看着它时，它就会一跃而起，飞入空中，振翅盘旋，发出如马儿一般的嘶鸣声。它经常在晚上进行这样的表演，在山丘的东坡上投下紫色的剪影。

小银条在水苏丛的边缘上准备筑巢，它在这里转了一圈又一圈，在下面形成了一个和自己身体大小差不多的浅浅的凹槽，这便是它们爱巢的雏形。它从一株沿着地面匍匐生长的柳树上采集了去年的枯树叶，一次衔回一片叶子，然后将这些枯树叶和一些地衣一起铺在它们的巢穴底部。不久之后，柳树叶子上面便躺了四颗鸟蛋，这意味着小银条现在要开始一段漫长的守夜生涯了。在此期间，它必须确保冻原上所有的野生动物都不会发现自己的巢穴。

在小银条独自守着四颗鸟蛋的第一天晚上，它听到冻原上传来一种从未听过的声音，这声音尖锐且刺耳，从阴影处一阵又一阵地传过来。黎明时分，它看见两只鸟正贴着冻原低飞，身体和双翼都呈黑色。这两只不速之客是贼鸥，属海鸥一族，抢夺掠杀之时好似鹰一般凶恶。从那时起，这种叫声，犹如诡异的笑声一般，每天晚上都会在这片荒原上面响起。

每天有越来越多的贼鸥到达这片土地上，它们有些来自于北大西洋的渔场，在那里，它们靠盗取海鸥和剪水鹱的鱼儿赖以生存；其他的则来自于南半球的温暖海域。现在，贼鸥成了冻原上所有动物的祸害。它们要么单独出击，要么两三个结伴进攻，在开阔的土地上空来回盘旋巡视，伺机对落单的三趾鹬、鸻鸟或者瓣蹼鹬下手。这些离群的鸟儿毫无抵抗力，很容易就成为它们的囊中之物。有时候，它们会从天而降，猛地扑向在野草丛生的开阔泥滩上觅食的滨鸟群，等到某只鸟儿在惊慌逃窜时与同伴分开后，它们再乘胜追击，将其置于死地。有时候，贼鸥会把海鸥驱逐到海湾地带，一直折磨它们，直到它们将捕到的鱼儿都吐出来为止。有时候，它们会在岩石缝隙和石堆中狩猎，在那里，它们会经常冒出来，吓唬在洞穴口晒太阳的旅鼠或者是正在孵卵的雪鹀。贼鸥一般在多石的高地或者山脊上面栖息，在那里，它们可以纵览整个冻原的地形和地貌：颜色深浅交错的苔藓和砾石，混杂着地衣和页岩。然而，即便贼鸥的眼睛如此锐利，它还是无法辨别远处开阔地上许多鸟类暴露在外面的带着斑点的鸟蛋。冻原保护各类动物的伪装是如此的巧妙，以至于只有筑巢的鸟儿或者觅食的旅鼠突然移动时才会暴露自己。

此时，北极地区一天二十四个小时之中有二十个小时都是阳光灿烂，其余四个小时则是在柔和的暮色之中静静沉睡。北极柳、虎耳草、野生水苏以及岩高兰都急着长出了新叶，让自己好好吸收阳光的能量。在这阳光灿烂的短短几周里，北极的植物都必须尽快生长，完成自己的生命周期。只有被保护起来的生命种子，才能够熬过数月的黑暗和寒冷。

不久，冻原便披上了一件繁花似锦的斗篷：最早绽放的是仙女木白色的杯形花，接着是虎耳草的紫色花，然后是毛茛的黄色花。蜜蜂嗡嗡地叫着，落在金灿灿的花瓣上，它挤进饱满的花蕊中吮吸着花蜜，因此每采食一朵花，蜜蜂的足上就会沾上一些花粉。冻原也因为一些移动的彩色斑点而色彩缤纷，那是被正午的阳光从柳树丛里引诱出来的蝴蝶，每当冷空气来袭或者乌云蔽日的时候，这些蝴蝶就敛翅藏身于此。

在温带地区，鸟儿会在落日的余晖和晨光的熹微中唱起最甜美的歌谣。但是，在北极的荒原地区，六月的太阳落在地平线下面的时间是如此短暂，以至于夜里的每个小时都透着一丝暮光，每个小时都是萦绕着一阵歌声，那是铁爪鹀咕咕的叫声和角百灵啾啾的啼鸣。

六月的一天，一对瓣蹼鹬在三趾鹬栖息的池塘里面畅游，它们身体轻盈，仿佛漂浮在光洁水面上的木塞子一样。它们时不时地用自己瓣状的脚快速刺入水面，不断地在水面上绕圈打转，然后将如同针状一般的喙一遍又一遍地插入水中，捕捉那些因此受惊的昆虫。瓣蹼鹬在遥远的南部海域度过了整个冬季，一路尾随着鲸鱼以及不断游走的那群鲸鱼的猎物。在进入内陆之前，它们尽可能选择了一条海洋路线一路向北迁徙。瓣蹼鹬准备在山脊的南坡筑巢休憩，那里距三趾鹬的巢穴并不远。和冻原上其他鸟类的巢穴一样，它们的鸟巢也铺满了柳树叶子和柳絮。随后，雄性的瓣蹼鹬便掌管鸟巢，用了足足十八天的时间孵蛋，直至里面的小生命孵化。

白天，红腹滨鹬犹如长笛般轻柔的叫声便会从山上传来："咕——啊——嘿，咕——啊——嘿"，它们的巢穴藏匿于高原之上，棕色卷曲的北极莎草丛和仙女木叶子之中。每天晚上，小银条都能看见在山丘的矮土堆上，一只孤独的红腹滨鹬在静谧的天空中，时而俯冲下坠，时而扶摇直上。这只红腹滨鹬叫作卡努特斯，它的歌声一直传到山顶数英里外其他红腹滨鹬的耳中，也传到了海湾滩涂上的翻石鹬和三趾鹬的耳中。此外，还有一只鸟儿也听到了，并且对它做出了热切地回应，那便是它那身材娇小、长着斑点的伴侣。此时，它正在低处的巢穴里面孵着它俩的四颗鸟蛋。

后来，在整整一个季节里，冻原上各种各样的声响都安静了下来，因为这片荒原上所有的动物都在忙着孵卵、喂养幼雏，同时还要将幼雏掩藏起来，以免被天敌发现。

当小银条开始孵卵的时候，正值满月。从那时起，月亮日渐亏蚀，变成了一道细细的月牙挂在夜空中，如今月亮又日渐盈满，形成只有满月四分之一的峨眉月，因此海湾的潮水也随之变得平缓而又温和。一天早晨，滨鸟趁着退潮纷纷聚集到海滩上觅食，而小银条却并没有加入它们的行列。因为昨天晚上，它胸脯羽毛下面孵着的卵整整响动了一夜，此时卵的表面已经有了些许裂痕。这是三趾鹬雏鸟用喙咬啄蛋壳所致，孵了二十三天之后，这些小生命终于准备诞生了。小银条低下头，静静聆听着蛋壳里面的动静。有时候，它会把自己覆在卵上面的身体稍微移开一点点，聚精会神地观察着卵的动静。

在附近的山脊上，一只铁爪鹀正在引吭高歌，声音清脆明快，曲调丰富多变。它一次又一次地飞上高空，一边放声歌唱，一边展开双翼向草地降落。这只小鸟的巢穴就在之前瓣蹼鹬捕食的水池边缘，巢穴里面铺满了羽毛，它的伴侣正在孵它们的六枚卵。铁爪鹀因为正午时分明亮而又灿烂的阳光而心情十分愉悦，未曾察觉它和太阳之间出现了一抹阴影。这个从天而降的阴影是奇加维克，一只矛隼。之后，小银条再也没有听到过那只铁爪鹀的歌声，也没有意识到它的歌声突然消失了，更没有注意到一根胸羽颤巍巍地几乎飘落在了它的身旁。它正在全神贯注地看着一枚卵上出现的一个洞。唯一能听到的声响就是一阵细微的、像老鼠一般的吱吱叫声，那是它的雏鸟诞生后发出的第一声啼叫。当矛隼飞回自己海洋北部峭壁岩石上面的巢穴中，将铁爪鹀喂给自己的幼雏享用之时，小银条的第一只三趾鹬幼雏破壳而出，另外两个的蛋壳也裂开了。

此刻，小银条的心里第一次产生了一种挥之不去的恐惧感——它害怕自己幼小无助的孩子受到周围其他野生动物的伤害。它对冻原上所有的生物都提高了警惕：它的耳朵密切监听着贼鸥在海滩上驱赶滨鸟时发出的尖叫，它的眼睛快速观察着矛隼振翅而翔的白色掠影。

在第四只幼雏孵化之后，小银条开始把蛋壳一片一片地从巢穴里面移出去，放置于远离巢穴的地方。在它之前，三趾鹬世世代代都是这样做的，它们靠着自己的聪明才智骗过了乌鸦和狐狸。无论是在岩石观望台上目光锐利的矛隼，还是等待旅鼠从洞口现身的贼鸥，都没有留意这只长着棕色斑点的小鸟的一举一动。它在水苏丛中秘密前行，压低身体，贴着粗硬的冻原草地，按照自己的方式小心翼翼地移动着。直到它到达山脊另外一边遥远的谷底时，只有在莎草丛中跑来跑去，或者在洞穴旁边的岩石板上晒太阳的旅鼠才看到了这位新晋的三趾鹬母亲。但是，旅鼠是种性情温和的生物，与三趾鹬一直都是相安无事，互不侵扰。

在刚刚过去的短暂一夜里，第四枚卵也已经孵化了。小银条整整劳作了一晚上，当太阳绕了一圈再度从东方升起的时候，它将最后一片蛋壳藏到了河谷的砾石里。一只北极狐从小银条旁边经过，它脚步轻盈沉稳，在页岩上一声不响地一路小跑着。当它看到这只三趾鹬母亲的时候，它的眼睛都亮了，它嗅了嗅空气中的味道，确定这附近一定有三趾鹬的幼雏。小银条飞到了远离河谷的柳树上面，看到这只狐狸将蛋壳翻开，用鼻子嗅了嗅。当狐狸开始往河谷的山坡上爬去的时候，小银条振翅扑向了它，忽然又跌落在地上，佯装受了伤，拍打着自己的翅膀，悄悄地移到了砾石上面。与此同时，小银条模仿自己的幼雏，发出了尖锐的叫声。狐狸闻声便立刻朝它扑过去。小银条瞬时腾空而起，飞过了山脊之巅，然后从另一个地方又再次出现，诱使狐狸追着它跑。于是，它一步一步地把狐狸引着越过了山脊，到了南边的一片沼泽洼地，那里溢满了自高处流下来的溪水。

正当狐狸要小跑爬上山坡的时候，那只正在巢穴里面孵卵的雄性瓣蹼鹬听到一阵低沉的叫声："扑哩！扑哩！唏嘶——咦咳！唏嘶——咦咳！"这是雌性瓣蹼鹬的声音，它正在巢穴附近守护，忽然看见这只狐狸往山坡上爬。雄性瓣蹼鹬赶紧悄悄地从巢穴里面溜出来，沿着它早就建造好的长满杂草的逃生通道一路前行，最后来到了水边，它的伴侣正在那里等它。这两只鸟儿游到了水池中央，焦急地绕着圈游，边游边梳理着自己的羽毛，还把长长的喙刺入水中，假装在觅食。直到空气再次恢复清新，没有一丝狐狸身上的麝香味为止。雄性瓣蹼鹬的胸前脱了一块毛，这是孵卵的时候蹭出来的，这意味着瓣蹼鹬的幼雏马上就要孵化了。

当小银条把北极狐引到距自己的幼雏足够远的地方之后，它便掉头绕着海湾滩涂往回飞。途中，它在咸潮的边缘休息了几分钟，紧张兮兮地觅了会儿食，然后又快速飞到水苏丛中，回到自己四只幼雏的身边。这四只幼雏的绒毛颜色很深，还带着蛋壳里的潮湿感。不过，它们的绒毛很快就会变干，显示出羽毛的浅黄色、沙色以及栗色。

如今，作为三趾鹬幼雏的母亲，小银条本能地就知道自己位于冻原洼地、铺满枯树叶和地衣、为自己量身打造的这个巢穴对自己的幼雏而言已经不再是一个安全之所。狐狸那贼亮的眼睛，那行走于页岩上的柔软的爪子，那在空气中嗅闻自己幼雏气息时的鼻子，这一切对于小银条而言都象征着重重危险，这些危险变化莫测，不可名状。

当太阳沉沉地落到地平线以下，只有高处悬崖上矛隼的巢穴还能够被阳光照射到，并且能够反射落日余晖的时候，小银条带着四只幼雏消失在了冻原无尽的灰暗之中。

在漫长的几天里，小银条带着自己的幼雏在石头满地的平原上游走，在短暂的寒夜里或者在暴雨突袭荒原的时候，它就将幼雏护在自己的身体下面。它带着幼雏沿着湖水满溢的淡水湖岸边行走，潜鸟在那里扑腾着翅膀潜入湖中，捕鱼喂养自己的雏鸟。湖畔和湍急的汇入溪流的支流里出现了新的食物。小三趾鹬学着捕捉昆虫和在溪流中捕捉昆虫的幼虫。它们也学会了在听到母亲发出的危险信号时要压低身体，紧贴地面，一动不动地躺在石堆之中，直到母亲再次发出柔和尖细的叫声来告诉它们警报解除，可以回到自己身边了。用这个方法，它们成功地躲避了贼鸥、雪鸮和北极狐。

在破壳而出后的第七天，小雏鸟的翅膀上已经长出了三分之一的翎羽了，但是它们的身体仍然被绒毛所覆盖。又过了四天，小雏鸟的翅膀和肩膀上都长出了羽毛。到它们两个月大的时候，这些刚刚学会飞的小三趾鹬就已经可以跟着自己的母亲从一个湖泊飞到另一个湖泊了。

现在，太阳落到了地平线以下更深的地方，夜色更浓更暗，暮色也日渐延长。雨下得更加频繁，时而瓢泼大雨，猛烈地冲刷着大地；时而蒙蒙细雨，如同冻原上翩然飘落的花瓣一样，轻盈无声。淀粉和脂肪等可食用的部分都储存在种子里，用以滋养珍贵的胚芽，这些胚芽里面蕴藏着代代相传的种族基因。夏季的工作到此便已经完成。不再需要鲜艳的花瓣来吸引传播花粉的蜜蜂，所以花朵都凋谢了；不再需要叶子舒展开来吸收阳光，并利用叶绿素、空气和水进行光合作用，所以叶子上的绿色褪去，染上了红色和黄色，接着叶子也飘落了，最后根茎也枯萎了。夏天便如此这般悄然而逝。

不久，鼬身上就长出了第一撮白毛，驯鹿的毛也开始变长了。许多雄性三趾鹬从孵化雏鸟之后几乎就一直群聚在淡水湖旁边，此时也早已经离开，前往南方了。大黑脚就是它们中的一员。在海湾的泥滩上面聚集了上千只三趾鹬幼雏，它们在平静的海面上空飞着，时而向上翱翔，时而向下俯冲，完全沉浸在这种全新的飞翔乐趣之中。红腹滨鹬将自己的幼雏从山上带下来，来到海岸地带，离开的成年红腹滨鹬也愈来愈多。就在小银条孵卵处附近的水池岸边，有三只年幼的瓣蹼鹬正划动着脚掌在水中绕圈，低头啄食昆虫。而这些瓣蹼鹬的父母则早已到了数百英里外的东部，在远海处开始了南下的旅程。

八月里的一天，小银条本来和其他的三趾鹬一起，在海湾岸边给自己已经长大了些的幼雏喂食，忽然之间，它就和另外四十多只成年鸟儿一起振翅而起，飞入空中。这群三趾鹬绕着海湾飞了一大圈，翅膀上的白色条纹在天空中若隐若现，然后它们又飞回来，在经过泥滩的时候大声啼鸣。此时，三趾鹬幼雏正在翻滚的浪花边缘奔跑觅食。它们看了孩子一眼之后，便掉头向南方飞去，消失在天际之中。

没有必要让鸟儿的父母在北极停留更长的时间。它们已经把巢穴筑好，也尽忠职守地将鸟蛋孵化，并且教会幼雏如何觅食，如何躲避天敌，以及何为生死游戏的法则。之后，当这些幼雏长得足够强壮，可以完成横跨两大洲海岸线的旅程之时，它们会根据遗传下来的方向感，追随着父母的脚步，开始自己的征途。与此同时，成年的三趾鹬感受到了南方那温暖气息的召唤，跟随着太阳一路前进。

那晚日落时分，小银条的四个幼雏和其他二十几个刚刚学会飞翔的三趾鹬一起游走，来到了一个内陆的平原地带。这个平原与海洋之间隔了一个山脊，南部则被更高的山丘包围着。平原上面青草丛生，其间还点缀着许多沼泽地，那里的草皮更为柔软，颜色更为翠绿。三趾鹬沿着一条蜿蜒的小溪来到了这个平原，当晚便在溪水边休憩。

在三趾鹬听来，整个平原上都充盈着一种窸窸窣窣的声音，仿若柔声呢喃一般，不绝于耳。这声音听起来就像是风吹过松树林时发出的沙沙声，但是在这片广袤的荒原上却并没有树木。这声音听起来还像是溪水轻轻溢出河床，冲刷着石头，鹅卵石轻蹭着鹅卵石所发出的淙淙声，但是今夜小溪却被封锁在夏末的第一层薄冰之下。

其实，这声音是由许多声响组成的：许多鸟儿振翅的声音，它们那被羽毛覆盖的身体从平原低矮的植被上穿过的声音，以及各类鸟儿低语呢喃的声音。金鸻鸟群正在慢慢聚集起来。它们有的来自海洋边缘广阔的沙滩地带；有的来自于如跃起的鼠海豚一般形状的海湾沿岸；还有的来自于方圆数英里内的冻原和高地，这些腹部乌黑、背部点缀着金色斑点的鸟儿正在平原上集结起来。

夜幕降临，阴影渐渐笼罩着整个冻原，黑暗已经蔓延到了北极世界的各个角落，只剩下地平线上一抹火焰般的光亮，仿佛是风把太阳之火的余烬挑起来了一般。随着夜色渐浓，金鸻鸟也愈来愈激动。新的成员不断地加入它们的队伍，大家的兴奋之情更加高涨，叫声不断增强，更加洪亮高昂，仿若一阵风一样从平原上呼啸而过。在那整齐划一的呢喃浅唱中，时不时会冒出来领头鸟那一声声尖锐颤抖的高音。

午夜时分，候鸟的迁徙便开始了。第一批出发的鸟儿大概有六十几只，它们飞入空中，在平原上方盘旋着，整顿好队形之后，便向南方和东方飞去。一批又一批的鸟儿振翅而起，紧紧地跟随着领头鸟向前飞行。它们飞得很低，下方的冻原绵延不绝，仿若一片深紫色的海洋。那一对对尖细的翅膀，每拍打一下都是力量无穷，优雅而又美丽，似乎它们身上有着无穷无尽的力气来完成这次旅行。

叽——哑！叽——哑！

高亢而颤抖，候鸟的叫声响彻天际，清晰可闻。

叽——哑！叽——哑！

冻原上的每一只鸟儿都听到了这个呼唤，心中忽然涌起一抹莫名的不安和急切。

在那些听到这个呼唤的鸟儿里面，一定有散落在冻原上的年幼鸻鸟，它们才刚刚满一岁，三五成群地到处游荡。但是，它们之中谁也没有加入成年候鸟的迁徙队伍之中。直到几周之后，它们才会踏上这段旅程，独自前行，无人指引。

一个小时之后，迁徙大军的队伍不再分批出发了，而是连成了一片。此刻，成群的鸟儿组成了一条浩浩荡荡的河流，倾泻于天空之上，越往南方和东方飞，队伍就不断地拉长。它们越过了荒原，跨过了北方的海湾之巅，在天空中不断前行，向预示着新的一天开始的曙光不断迈进。

人们都说，这是多年以来最为壮观的一次金鸻鸟的迁徙了。在哈德逊湾西海岸布道的尼克莱特神父说，这次的迁徙队伍让他想起了自己年轻时所见过的候鸟迁徙群，那个时候，鸻鸟尚未被人过度枪杀，鸟群的数量也并不像现在这样稀少。清晨，海湾地带的爱斯基摩人、猎人和商贩抬起头，看到天空中最后一批迁徙队伍正在飞越海湾，渐渐地消失在东方。

远方薄雾朦胧，那里有着拉布拉多半岛岩石嶙峋的海岸，上面遍布着岩高兰灌木丛，紫色的硕果垂满枝头。再远一些，便是新斯科舍的潮滩地带了。从拉布拉多到新斯科舍这段路上，鸟群缓缓地行进着，沿途采食着成熟的岩高兰果实、甲虫、毛毛虫以及贝类，以此来囤积脂肪，储存能量，为飞行时持续的肌肉活动提供所需的能量消耗。

但是不久之后的一天，鸟群再次飞入空中，这次它们一路南行，朝着雾气朦胧的海天相接处振翅而去。在此次的南行之旅中，它们将沿着从新斯科舍到南美洲的航线飞行两千多英里。很多船上的渔民都能从远处看到它们翱翔的身影，它们贴着海面低飞，蹑影追风，毫不迟疑，就像那些知晓目的地的人们一般，风雨兼程，无所畏惧。

有一些候鸟或许会在飞行途中坠落；一些年老体弱或者疾病缠身的候鸟也会在中途掉队，然后爬到一处僻静的地方静静地等待死亡；还有其他的一些候鸟则会葬身于狩猎者的猎枪之下，这些人无视法律的存在，通过终结迁徙队伍中勇敢而又精力旺盛的生命来满足一种自以为是的虚妄快感；剩下的一部分候鸟或许会因为精疲力竭坠海而亡。但是，迁徙大军勇往直前，毫不顾忌前方可能的失败或者灾难，它们一边飞翔，一边甜美高歌，飞过了北方的天空。它们心里再次燃起迁徙的狂热之情，这份热情的火焰吞噬了一切其他的欲望和激情。

04
夏日之末

九月，三趾鹬才在岛屿的沙滩上重新现身，此时它们已经换上了一袭洁白的羽毛，退潮时它们便在被称为“船之浅滩”的海滩上跑来跑去捕捉鼹蝉蟹。它们从北方的冻原启程之后，中途多次为了觅食而停下来休息。在哈德逊湾和詹姆斯湾的广阔滩涂上，在新英格兰地区以南的海滩上，都能看到它们捕食的身影。在秋日的迁徙中，鸟儿总是淡定从容，因为春日里为了延续种族而竭力北迁的那种紧迫感早已消失。随着风和太阳的指引，它们一路南飞，迁徙队伍时而随着来自北方的鸟儿的加入而壮大，时而随着候鸟找到自己往年的冬季栖息地选择离开后而缩小。在南迁的滨鸟大军中，只有一小部分鸟儿会不断前行，到达南美洲的最南端。

当泛着泡沫的海浪边传来归来的滨鸟的叫声之时，盐沼上也开始响起杓鹬哨子般的啼鸣，除此之外，还有其他的一些征兆都暗示着夏天就要结束了。到了九月的时候，海湾地区的鳗鱼往下游进发，洄游入海。这些鳗鱼有的来自于山丘，有的来自于高地草原。它们从黑水河的源头——柏树沼泽——出发，经过六大瀑布，顺流而下，沿着潮汐平原向海洋前进。在河口和海湾地带，它们和自己未来的伴侣相聚了。不久之后，它们就会换上银色的结婚礼服，跟随着退潮的潮水游入海里，追寻着，最后迷失在黑暗无边的深海之中。

到了九月，春季在河流和溪流中所产下的鱼卵已经孵化成了年幼的西鲱，它们顺着河水向海洋游去。起初，它们在广阔的水流中游得很慢，因为随着距离河口越近，河面就越宽广，水流也就越平缓。然而不久之后，这些不足一指长的小鱼游速便加快了，因为随着秋雨来袭，风向改变，河水变得冷冰冰的，驱使着它们向温暖的海域迅速进发。

九月的时候，这个季节最后一批孵化的幼虾从远海的小水湾处一直游到了海湾地区。这批幼虾的到来象征着另外一场旅程的开始。老一辈的虾几周之前就已经启程，这是一场无人目睹，亦无人言说的旅程。春夏整整两季，越来越多满一周岁的成年虾纷纷从沿岸的海域溜走，穿越了大陆架，往海底峡谷那蓝色的斜坡游去。自从开启这场旅程，它们便不会再回来。但是它们的后代，在经历过几周的海洋生活之后，会随着海水回到那片安全的内陆水域。夏秋整整两季，幼虾随着海水游到了海湾和河口地带，寻找温暖的浅滩，那里底部淤泥沉积，上面则流淌着微咸的海水。在此处，它们可以尽情享用丰富多样的食物，并且可以在如地毯般的大叶藻下面寻求庇护，躲避饥肠辘辘的鱼类的袭击。随着它们的快速成长，这些幼虾再一次向海洋进发，寻求那苦涩的海水以及大海那更深沉的节奏。甚至当这个季节最后一批幼虾孵化后，随着九月的每次涨潮而游过小水湾的时候，稍大一些的幼虾早已经游出海湾，向海洋前进了。

同样在九月，沙丘上海燕麦的圆锥花序变成了金棕色。在阳光的照耀下，沼泽地闪着盐渍草地那柔美的棕绿色，灯芯草那温暖的紫色，以及海蓬子那鲜艳的红色。桉树看起来仿佛是河岸沼泽地里面燃烧着的红色火焰。秋日的浓烈气息弥散在夜空之中，当这股寒气飘荡到温暖的沼泽地上空时，便化成了薄雾，将黎明时分站在草丛中的白鹭隐藏了起来；也将在沼泽地上奔跑的田鼠隐藏了起来，躲过老鹰锐利的目光，这些田鼠正沿着自己耐心掰倒的数千株沼泽草秆所铺设而成的小径行进；还将海湾里成群的银汉鱼也隐藏了起来，使得在波涛汹涌的白色海面上盘旋的燕鸥一条鱼也没有抓到，直到太阳出来，将雾气驱散。

夜间的寒冷空气使四散于海湾各处的许多鱼儿心神不宁。这些鱼儿的身体呈钢铁般的灰色，长着大片的鱼鳞，背上立着的四个短小的鱼鳍仿佛扬起的船帆一般。这些鱼儿是鲻鱼，它们一整个夏天都生活在海湾和河口地带，在大叶藻和川蔓藻之中独自漫游，以动物的排泄物和海底淤泥上面的植物碎屑为食。但是每当到了秋季，鲻鱼就会离开海湾，踏上一段遥远的海洋之旅，在途中它们会产下自己的下一代。因此，秋日的第一股寒意让鲻鱼感受到了海洋的节奏，也唤醒了它们迁徙的本能。

夏末时分，寒冷的海水和潮汐周期召唤着海湾地带的幼鱼回到海洋的怀抱。这些幼鱼里面包括了鲳参鱼、鲻鱼、银汉鱼和鲱鱼，它们生活在一个叫作“鲻鱼池”的地方，在那里障壁岛的沙丘渐渐缩小成了“船之浅滩”的平坦沙地。这些幼鱼都是在海洋中孵化的，但是年初的时候它们沿着一个临时的通道就来到了这个池塘。

满月那天晚上，圆圆的月亮如同一个白色的气球一般悬挂在夜空之上。随着月亮的盈满，月引力也越来越强劲，由此产生的潮汐开始在海湾口的沙滩上冲刷出一条沟壑。只有当潮水涨到最高点的时候，海水才会涌入那个毫无生气的池塘里面。现在，浪潮拍打着海岸，退浪强劲，卷走了松散的泥沙，一路前行到了沙滩上容易攻破的地方，那里之前曾经被冲出过一个缺口，在陆地码头的渔船尚未来得及靠岸的短暂时间内，一条通往池塘的狭窄沟壑，或者说是泥坑，就已经被冲刷了出来。这条沟壑不足十二英尺宽，随着海浪拍打着沙滩，这个沟壑被冲刷成了一个瓶颈般的形状，浪花在里面翻滚涌动着。汹涌翻腾的潮水仿佛在磨坊的引水槽一般滔滔流淌着，嗞嗞作响，泡沫四溅。一浪又一浪的潮水通过这个沟壑涌入了池塘之中。这些浪潮高高涌起，又骤然落下，巨大的冲刷力将池塘底部戳得凹凸不平，满是褶皱。然后，潮水又渗入了池塘周围的沼泽地里，悄无声息地浸润着沼泽草茎和海蓬子的红色茎秆。与此同时，潮水还将浪潮翻滚产生的棕色的泡沫星子也留在了沼泽地里。沼泽草茎之间的空隙被这些夹杂着泥沙的泡沫紧紧地填充了起来，以至于沼泽地看起来就像是一片矮草丛生的沙滩一样。而实际上，这些沼泽草在水下的长度有一英尺左右，现在露在水面上的只是它们上端的三分之一的茎秆。

潮水滚滚而来，跳跃着、奔跑着、泡沫四溅、漩涡连连，释放了无数条被困在池塘里面的小鱼。现在，成百上千的鱼儿冲出池塘，涌出沼泽地。它们朝着清澈冰凉的海水游去，疯狂而又混乱。兴奋之中，它们任由潮水摆布，在浪潮中摇摇摆摆，不断翻滚。到达沟壑中间的时候，它们一次又一次地纵身而起，跃出水面，在空中闪耀着点点银光，仿若一群闪闪发光的昆虫一样，一次次跳起来，又一次次落下去。翻滚的潮水将这群向海洋疯狂进发的鱼儿又抓了回来，以至于很多鱼儿都被卷入浪潮之中，尾巴高高翘起，在潮水的威力下无助地挣扎着。当浪潮终于释放了它们时，这群鱼儿赶紧沿着沟壑冲向海洋，那里有它们熟悉的滚滚碎浪、洁净的沙滩底部以及清凉碧绿的海水。

池塘和沼泽地怎么能困得住这群鱼儿呢？它们成群结队地一跃而起，跳出池塘，在沼泽草丛里穿梭着，银光闪闪。一个多小时了，这场大逃亡还在持续进行，匆匆忙忙，这批逃生大军一刻也不曾停歇。它们当中的许多鱼儿也许都是在上一次大潮中被卷到这个池塘里面的，那时的月亮仿佛铅笔画出来的银钩一般，悬挂在夜空之中。如今，月亮已经盈满，又是一次大潮，欢乐喧闹、简单粗犷的潮水正召唤着它们再次回到海洋的怀抱。

它们向着海洋前进着，穿过了白浪滚滚的碎浪带。它们向着海洋前进着，鱼群中的大部分都穿过了更为平缓的绿色浪涌，来到了第二道碎浪带。此处的浅滩引得远海的海浪涌进来，激起白浪朵朵，吓得这些鱼儿乱成一团。但是，在海浪之上，还有燕鸥在伺机觅食，这成百上千只鱼儿组成的迁徙大军只能停留在入海口附近，无法前进。

在之后的几天里，天空灰蒙蒙的，仿若鲻鱼的背部，乌云密布，好似翻涌的海浪一般。吹了整整一个夏天的西南风，开始转为西北风。在这样的清晨，人们可以看到大鲻鱼在河口和海湾的浅滩地带跳来跳去。在沙滩上，渔民已经将渔船准备妥当，船里面摞着一对对灰色的渔网。渔民站在海滩上，双眼盯着海水，耐心地等候着。渔民知道天气一变，海湾里面的鲻鱼便会成群结队地聚集在一起。他们还知道在海风袭来之前，鲻鱼群就会穿过小水湾，沿着海岸往下游去，正如渔民代代相传的那样：要用右眼盯着海滩。其他的一些鲻鱼来自于北部的海湾，还有一些鲻鱼从外部河道游过来，沿着一连串的障壁岛一路往下游去。于是，渔民耐心等待着，对这世代相传的经验信心十足，就连放着空网的渔船也在等待着。

除了渔民之外，旁边其他的捕鱼者也在等待着鲻鱼群游过来。其中，有一只叫作潘迪安的鹗。它每天都在空中四处盘旋，如同一团小乌云一般，这些等待鲻鱼的渔民对潘迪安的一举一动看得清清楚楚。在海湾沙滩或者沙丘上面站岗的时候，为了消磨时间，他们会打赌，看这只鹗何时潜入水中。

潘迪安的巢穴在距离河岸三英里之外的火炬松丛林里。在繁殖季节里，它和自己的伴侣在那里孵育了三只幼雏。起初，这些幼雏身披一袭绒毛，颜色仿佛腐朽的老树桩一样；如今，它们羽翼已丰，可以自己出去捕鱼了。但是潘迪安和自己的伴侣却仍然年复一年地住在这个巢穴里面，彼此之间忠贞不二，矢志不渝。

这个巢穴的底部足有六英尺宽，顶部是底部一半以上的宽度。这个巢穴的尺寸如此之大，海湾地区的泥路上那些骡子拉着的任何一辆农车都难以将其装进去。多年以来，这两只鹗一直在修缮它们的巢穴，它们把被潮汐卷到海岸上的一切可用之物都加到修葺巢穴的过程中去。如今，这株四十英尺高的松树顶部几乎已经全部用来支撑这个巢穴了，巢穴很沉，用来建造巢穴的枯干、树枝以及一片片草皮把松树的所有枝干都压死了，只有底部的一些枝条得以幸免于难。这些年来，这两只鹗在建筑巢穴时编入了各种各样的东西，有它们从海湾岸边捡过来的系着绳索的一个二十英尺长的曳网，或许还有十几枚渔具上面的软木浮子，许多鸟蛤和牡蛎壳、一只鹰的残骸、如羊皮纸屑那样的海螺卵鞘、一截断了的船桨、半只破渔靴，以及一团缠绕在一起的海藻。

在这日渐腐朽的巨大巢穴下面有几层枯枝，许多小鸟在那里找到了筑巢之所。那年夏天，有三家麻雀、四家椋鸟以及一家卡罗来纳鸕鹚曾居住在那里。春天的时候，有一只猫头鹰占据了鹗的巢穴的四分之一，一只绿色的苍鹭也曾经在那里居住过。对于这些房客，潘迪安一直容忍谦和。

在经历了连续三天的阴霾和寒冷之后，太阳终于破云而出。在等待鲻鱼的渔民的注视下，潘迪安振翅翱翔，乘着波光粼粼的水面上的一股暖流飞入高空。它的身体下面，海水如同一块迎风起舞的绿色丝绸一般。燕鸥和黑剪嘴鸥正在海湾的浅滩处休憩，看起来跟知更鸟的大小差不多。一群海豚黑亮的背鳍在水中忽隐忽现，时而潜入水中，时而跃出水面，仿若一条黑色的大蛇在海面上游走。潘迪安那琥珀色的眼睛闪闪发亮，它看到一道光线三次跃出水面，落下时水花四溅，之后随风而逝。

潘迪安下方的绿色水面上出现了一个影子，一条鱼探出水面，水面顿时泛起阵阵涟漪。在潘迪安下方两百英尺的海湾里，一只鲻鱼，也就是之前跃起的那道光线，正在积蓄力量，兴奋地准备跃入空中。正当它舒展肌肉为第三次跳跃做准备的时候，一抹黑影从天而降，钳子般的利爪便擒住了它。这条鲻鱼足有一磅多重，但是潘迪安很容易就用它的利爪把它钳起来，带着它越过海湾，朝着三英里之外的巢穴飞去。

潘迪安用自己的利爪钳着鲻鱼的鱼头，经由河口往河流上游飞去。靠近巢穴时，它松了松自己的左爪，审视了一下飞行路线，然后降落在巢穴外部的枝条上，右爪仍旧紧紧地钳着那条鲻鱼。潘迪安花了一个多小时来享用这顿鲻鱼美餐，当它的伴侣靠近的时候，它连忙蹲下身子护着那条鲻鱼，同时对伴侣发出嘶叫声。如今巢穴已经修筑完成，每只鹗都必须自食其力去觅食。

当天晚些时候，潘迪安又回到河边捕鱼。它俯身在水面上低飞，然后一边将爪子刺入水中，一边拍打了十几下翅膀，不一会便将爪子上沾着的鱼的黏液给冲洗干净了。

在潘迪安再次返回河边捕鱼的时候，它已经被一只棕色大鸟锐利的眼睛紧紧盯上了。这只大鸟栖息在河流西岸的松树上，俯瞰着河口沼泽地里面的一切。这只秃鹰叫作白顶，它就像是一个海盗那样生活着，只要能从海湾周围的鹗口中夺取食物，它就绝对不会自己亲自去捕鱼。当潘迪安飞到海湾上空准备离开的时候，这只秃鹰便紧跟其后，飞入空中，飞得比潘迪安还要高很多。

这两抹黑色的身影在天空中盘旋了一个小时。接着，在高处飞翔的白顶看到潘迪安突然直直地向下降落，整个身体渐渐缩小到麻雀一般的大小，刹那间海面上水花四溅，这只鹗也消失得无影无踪。三十秒之后，潘迪安从水中冒出来，用力快速拍打着翅膀直冲天际，一下子就飞到了水面上方五十英尺的高空，然后它停止上升，保持平稳，径直向河口地区飞去。

潘迪安的一举一动都被白顶看在眼里，它知道这只鹗捕到了鱼，正要钳着鱼往松树上面的巢穴飞去。一声尖锐的叫声划破天际，也传入了潘迪安的耳中，白顶盘旋在潘迪安头顶一千英尺的高空中，奋力直追。

潘迪安惊慌恼怒，大声叫喊着，使出双倍的力气振翅飞翔，企图在敌人进攻之前回到松树上的巢穴之中。但是，潘迪安的利爪要紧紧地钳着鲶鱼，鲶鱼很重，而且又在不断地抽搐挣扎，它的飞行速度也因此被拖慢了。

在岛屿和陆地之间，从河口开始的几分钟飞行里，白顶就直直地在这只鹗的上方盘旋着。忽然，它翅膀半拢，骤然下降，速度快得惊人。海风在它的羽翼间呼啸而过。当它经过这只鹗的时候，它在空中急速转弯，伸出利爪，准备进攻。潘迪安赶忙扭动身躯，四处躲闪，总算是避开了那八个弯刀似的利爪。在白顶尚未来得及重整旗鼓之前，潘迪安奋力直飞，一下子便飞到了两百到五百英尺开外。白顶在其身后穷追猛赶，又飞到了潘迪安的上空。但是，正当它要向下俯冲进攻的时候，潘迪安又猛地向上冲去，把它的敌人远远甩在了身后。

与此同时，这只离开水太久的鲶鱼的生命力也已耗尽，所有的挣扎也随之停止，变得软弱无力。鱼的眼睛变得模模糊糊，仿佛在清透的玻璃表面蒙上了一层雾气。不久之后，这条鱼活着时那一身耀眼绚丽的绿色和金色，那份鲜活之美，也消失了，变得黯淡无光。

就这样，在经过几轮上升和下冲的较量之后，这只鹗和这只秃鹰飞到了极远的高空，那里甚是空旷，看不到半点海湾、浅滩以及白沙的影子。

"唧！唧！唧！"潘迪安狂乱地尖叫着。

潘迪安刚刚又勉强躲过了白顶向下俯冲而来的利爪，但是胸前的白色羽毛却被扯下十几根，朝着地面飘落而去。突然，潘迪安迅速收拢双翼，仿若石头一般向海底坠落下去。当它临近海湾之时，狂风在它耳边咆哮，眼睛也被吹得几乎看不见东西，身上的羽毛也被风扯得生疼。这是潘迪安在对付这个更强大、更有耐力的敌人时所使出的最后一招杀手锏。但是，那从天而降、冷酷无情的黑影比潘迪安的速度更快，步步逼近，最后超过了它。眼看海湾上的渔船看起来越来越大，仿佛在海面上漂浮着的海鸥一般时，白顶快速旋转，一下子就从潘迪安的爪下把鱼夺走了。这只秃鹰把鱼带回自己在松树上的栖息地，撕开鱼身，取肉去骨。当它到达栖息地的时候，潘迪安正在水湾上方奋力振翅，准备向海洋进发，重新去捕鱼。

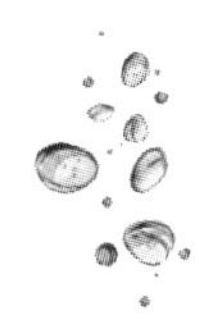

05
入海之风

次日清晨，当海浪拍打着水湾沙洲的时候，凛冽的北风将浪尖撕得支离破碎，使得每一股浪潮后面都是水花四溅。鲻鱼因为风向转变在海峡之中跳来跳去。在浅浅的河口以及海湾上的许多浅滩地区，鱼儿觉察到一股突如其来的寒意，那是空气中的寒气渗入水中的缘故。鲻鱼开始寻找更深的水域，因为那里还储存着太阳的余温。现在，大批的鲻鱼从海湾各处聚集起来，成群结队地向海湾的海峡处进发。海峡通往水湾，而水湾则是进入远海的通道。

风从北方吹过来，往河流下游吹去。鱼儿在海风到达之前便往河口游去。海风拂过了海湾，又穿过了水湾，鱼儿又在它到达之前游到了海洋。

退去的潮水载着鲻鱼穿过了更加深沉的绿霾，越过了海峡的白色沙床。汹涌的潮水每日都在海峡间穿行，两次流向海洋，两次流向陆地。强劲的潮水把海底冲刷得干干净净，没有任何生物在此留存。鲻鱼群前行着，它们上方的水面碎成无数个闪闪发光的亮片，在金色的阳光下熠熠生辉。鲻鱼一条接着一条向海湾那波光粼粼的水面游去，然后一条接着一条弯曲身体，积蓄力量，跃入空中，快速且具有节奏。

随着潮水前行的鲻鱼穿过了一个名为“银鸥浅滩”的狭长沙嘴，那里有一面巨石墙，石墙沿着海峡而建，用来防止散沙倒灌。海藻碧绿而又饱满的叶片通过自己的固着器紧紧地依附在石头上，同时石头上面还覆盖着藤壶以及牡蛎，整面墙都泛着白色。在防波堤其中一块石头的影子里，有一双小眼睛正在不怀好意地盯着游向海洋的鲻鱼。这是一条足有十五英镑重的康吉鳗的眼睛，它就生活在岩石之间。这条壮硕的康吉鳗靠捕食沿着防波堤暗墙游走的鱼群为生。它会从阴暗的洞穴里面突然冲出来，用颌将鱼儿迅速抓获。

在游走的鲻鱼群上方十二英尺的上层水域里，银汉鱼成群结队地抖动着身躯，向前行进，每条鱼都反射着阳光，就像闪闪发光的星辰一般。时不时地，会有许多鱼跃出水面，冲破鱼类世界这层薄薄的边界，然后再如雨点一般坠落下来，先在水面上产生凹痕，然后再刺穿空气与水之间那层坚实的界面。

潮水载着鲻鱼经过了海湾上十几个沙嘴，每个沙嘴上面都栖息着一小群海鸥。在一块古老的贝壳岩石上，海浪将泥沙卷过来，沉积在贝壳之间，退潮的时候冲过来的沼泽草的种子与泥土混合在一起，海水正在一点点地把这块岩石变成一座岛屿。两只海鸥正在忙着捕食半掩在潮湿沙地中的文蛤。找到这些文蛤之后，这两只海鸥会先啄开它们那又厚实又像玻璃般透明的蛤壳，蛤壳上面浅褐色和淡紫色的条纹交相辉映。经过大量的咬啄工作之后，海鸥终于用自己坚硬的喙撬开了蛤壳，尽情享用了里面柔嫩的蛤蜊肉。

鲻鱼继续前进着，游过了一个巨大的水湾浮标。在潮水的推挤下，浮标向海洋方向倾斜着。它那巨大的铁块也随着海水起起落落，甚至它那“铁喉咙”也随着海水不断变化的节奏调整着自己音乐的音调和节拍。这个水湾浮标于己而言就是一个自成的世界，在海湾的水面上翻滚着。它时而乘着浪潮而起，时而随着波谷而落，潮起潮落交替而至，这一切都是它一手操控。

自去年春天以来，这个浮标就没有被擦洗过，也没有被重漆过，现在它上面被厚厚的藤壶和贻贝壳，还有囊状的海鞘，以及苔藓动物那柔软的苔藓斑块覆盖。沉积的泥沙和绿色的海藻丝都被卡在贝壳和一团浓密的水生生物那如根状的附着物之中。在这团浓密的附着物中，生活着一种身体纤细、披着铠甲的片脚类动物，它们在这里爬进爬出，不断地寻找着食物。海星以牡蛎和贻贝为食，它爬到它们的外壳上面，用自己强壮的触手上的吸盘牢牢地抓住外壳，迫使其张开。在贝壳之间，海葵的花盘一张一合，伸展着肉质的触手，在海水中攫取食物。生活在浮标上的大概有二十多种海洋生物，它们中的大部分其实是几个月之前才来到这里的，那个时候正是海湾和水湾的水域里面挤满幼虫的季节。这些种类繁杂的幼虫大多数都如玻璃一般透明，但却比玻璃更加脆弱，除非它们能够找到一个牢固的依附之所，否则便注定要在幼年时期夭折。那些碰巧在海湾中遇到这个巨大浮标的幼虫通过自己身体分泌的黏液，或者通过足丝和固着器将自己的身体附着到上面。它们将在浮标上面度过余生，成为这个摇曳世界的一部分，在这个水淋淋的空间里翻滚不息。

在水湾处，海峡变宽了，浅绿色的海水随着海浪搅动散沙而变得浑浊起来。鲻鱼群还在前行着。海浪的咕哝声和隆隆声也越加响亮。鱼儿的肋腹甚是敏感，它们觉察到沉重的撞击，以及砰砰作响的海水振动。海水节奏的变化来自于长长的水湾处，那里海浪翻滚奔涌，海水泛起了白色的泡沫。如今，鲻鱼已经穿过了海峡，感受到了海洋更为绵长的节奏——海浪的涨起、突然攀升以及骤然下落，这一切都来自于大西洋深处的浪潮。就在第一道碎浪带外面，鲻鱼在这些更大的海浪中一跃而起。它们一个接一个地游向海面，跃入空中，随后落回水中，溅起一大片白色的水花，然后又重新回到前进着的队伍之中。

站在水湾高高的沙丘上的一名守望者看到了第一条从海湾里面游出来的鲻鱼。凭借着丰富的经验，他根据鲻鱼跳起时溅起的水花大小便估算出了鱼群的规模和行进速度。尽管已经有渔民驾着三艘船在远处的海滩下游等待着，但是这名守望者却并未在第一条鲻鱼通过时发出信号。潮水仍在慢慢退去，水的拉力依旧朝向海洋，因此不能逆着这个方向拉拽渔网。

沙丘是一个狂风肆虐、飞沙四起、盐粒横飞以及烈日暴晒的地方。现在风从北方袭来。在沙丘的凹陷处，沙滩草随风摇曳倾斜，它们那尖尖的草尖在沙地上画出了无数个圆圈。海风从沿岸沙滩上吹过，卷起散沙粒粒，在一片白色的雾霭之中，向海洋飘去。从远处看，岸上的空气昏暗浑浊，仿若有一层薄雾正在从地面慢慢升起。

岸上的渔民并没有看到这片沙雾，但是他们的眼睛和脸却感受到了一阵刺痛，风沙似乎落入了他们的发间，钻进了他们的衣服。他们拿出手帕，将其蒙在脸上，把头上长舌帽的帽檐压低。风从北面刮过来意味着满脸的沙尘，意味着船的龙骨下汹涌的波涛，但是也意味着鲻鱼的到来。

阳光炽热无比，炙烤着沙滩上站着的人们。一些妇女和孩子也在那里，帮着男人们拉绳子。孩子们都赤着脚，在退潮后沙滩上留下的水坑里面蹚水，和层层泥沙嬉戏。

潮水的方向已转，现在一艘渔船已经冲入浪潮之中，准备捕捉即将到来的鲻鱼群。在这样的滔滔巨浪中行驶渔船是非常不容易的。这些渔民如同机器中的部件一样跳到各自的岗位上。渔船恢复平稳，在滚滚碧浪中颠簸前行。就在海浪线之外，渔民站在船桨处等候指令。船长站在船头处，双臂交叠，腿部的肌肉随着船的起伏而不断屈伸，他双眼注视着海水，远远地望着水湾。

在那碧绿海水的某处，有着成百上千条鱼儿。不久之后，它们就会游出来，进入渔网的范围内。北风呼呼地刮着，鲻鱼群要赶在北风到来之前冲出海湾，沿着海岸前行，就像数千年来鲻鱼一直所坚守的传统那样。

六七只海鸥在水面上鸣叫着，这意味着鲻鱼群就要来了。海鸥并不想要吃鲻鱼，它们想要捕食的是那些随着大鱼群游过浅滩而惊恐万分、四下逃窜的小鱼。鲻鱼群渐渐游到海浪带外面了，它们快速前行，跟人在沙滩上行走的最快速度不相上下。那名沙丘上站着的守望者已经锁定了鱼群的位置。他向渔船走去，背对鱼群，通过挥动双臂向船上的渔民示意鱼群的前进线路。

渔民双脚抵在船的横坐板上，使劲划着桨，推动船沿着半圆的轨迹向岸边前行。网眼细密的渔网悄无声息而又平稳妥帖地从船尾沉入水中，随着船只移动，软木浮子也在水中上下摆动。渔网另外一端的绳子由海岸上六七个男子紧紧地拉着。

渔船周围的水里都是鲻鱼。它们的背鳍划破水面，时而跃起，时而下落。渔民们更加卖力地划着船桨，试图在鱼群逃走之前把船推上岸，收拢渔网。一旦到了最后一道海浪线，那里的水深不过腰，渔民们便跳入水中，一起使劲抓住渔船，竭尽全力将其拖上海滩。

鲻鱼群游弋着的那片浅滩，海水呈半透明的浅绿色，随着海浪搅动着沙子，海水渐渐变得浑浊起来。鲻鱼因为能够重回海洋，融入苦涩腥咸的海水之中而兴奋不已。在本能的强烈驱使下，它们一起踏上了第一段旅程，这段旅程可以带着它们离开海岸浅滩，进入海洋发源地那片蔚蓝的迷雾之中。

在鲻鱼前行的那段路径中，碧波粼粼的水中隐约出现了一抹阴影。渐渐地，那抹灰暗阴沉的幕布变成了一张网格细长、纵横交错的渔网。第一批鲻鱼撞上了渔网，它们用鱼鳍划动海水后退了几步，有些犹豫不定。其他的鱼群从后面挤过来，拥到渔网前面探查究竟。当第一波恐慌在鱼群中蔓延开来，它们立刻向海岸冲去，试图逃跑。岸上抓着绳子的渔民已经开始收网，以至于网墙在水中伸展开来，将鲻鱼群困在浅得无法游动的水域之中。鱼群又向海里冲过去，但是却撞上了变得越来越小的网格。因为岸上的渔民和站在及膝水中的渔民正踩着流沙，顶着海水的冲力以及鲻鱼群的挣扎，使劲儿地拉着绳子，一点一点地收紧渔网。

当渔网收拢，逐渐被往海岸上拽去的时候，围网之中鲻鱼群的抵抗力也变得更大了。它们疯狂地逃窜着，寻求逃生之法。这些鲻鱼加起来有数千磅重，它们合力抗衡着渔网的拽力。它们的重量以及身体向外的冲击力将渔网从海底彻底抬了起来，鲻鱼赶紧偷偷从网底溜走，冲入深海之中，许多鲻鱼也因此被沙子擦伤了腹部。渔民们对渔网的每个响动都甚是敏感，他们觉察到了渔网被抬起，知道鲻鱼正在逃跑。他们把绳子拽得更紧了，使劲使到皮开肉绽、腰酸背痛。六七个男子跳入深至下巴的海水中，抵着海浪的冲击，踩着测深索，把渔网压在海底。但是在外围的软木浮子距他们还有六七艘渔船的长度那么远。

刹那之间，这个鲻鱼群一跃而起。水花四溅，水雾迷蒙，在一片混乱之中，上百条鲻鱼跃出水面，越过了浮标线。它们如暴雨一般砸向渔民，渔民只好转身背对着这些鲻鱼。渔民拼命拽着浮标线，想要将其扯出水面，这样鲻鱼在撞到渔网之后便会落回网圈中。

沙滩上松散的渔网越堆越高，网眼里面卡着许多不到人手掌大小的小鱼。现在，连接着测深索的绳子越拉越快，渔网变成了一个细长的大袋子，里面鼓鼓的都是鱼儿。当这个渔网袋最终被拖上浅滩边缘的时候，空气中爆发出一阵噼里啪啦的声响，仿若鼓掌的声音，这是上千条鲻鱼在用头部撞击潮湿的沙滩的声音，它们用尽了最后一丝力气，悲愤填膺。

渔民们迅速地将鲻鱼从渔网中卸下来，将其抛入在旁边等待已久的渔船之中。他们娴熟地抖动着渔网，将卡在网眼中的小鱼抖落在沙滩上。这里面有着年幼的小海鳟和鲳参鱼、去年产下的小鲻鱼、年幼的大马鲛、羊头原鲷以及海鲈鱼。

不久之后，那些小得无法出售，亦无法食用的幼鱼便被扔在水面以上的沙滩上，它们的生命力正在渐渐流失，因为它们没有办法穿越那几码干沙地，回到大海之中。一些小鱼的尸体稍后会被海水卷走，剩下的一部分则会被小心翼翼地搁置在潮水根本无法触及的地方，那里乱七八糟的满是树枝、海藻、贝壳以及海燕麦的残渣。因此，大海便源源不断地给海潮线上的捕食者提供着食物。

渔民们又捕捞了两网鱼之后，潮水快要涨满了，他们便驾着渔船满载而归了。一群海鸥从外围浅滩飞到了这里，准备美餐一顿，它们那洁白的羽毛与灰暗的海水形成了鲜明的对比。当海鸥为了食物而争吵不休的时候，两只体型娇小、羽毛乌黑油亮的鸟儿小心翼翼地走到它们之中，拽着鱼儿飞到沙滩高处，然后大快朵颐。这两只小鸟是鱼鸦，它们生活在海边，靠死螃蟹、死虾和其他的海洋残骸为生。日落之后，沙蟹会成群结队地从洞穴里面爬出来，蜂拥到潮汐带来的杂物中，将岸上鱼儿的最后一丝痕迹消灭得干干净净。沙蚤也早已聚集到了此处，它们正忙着啃食鱼体，为自己的身体提供生命的养分。因为在海洋中，任何生命都不会白白消失。一个生命消亡了，另一个生命便会因其而生。因为构成生命的这些珍贵的元素会在无穷无尽的食物链中一次又一次地传递下去。

整个晚上，渔村的灯火一盏接着一盏熄灭了，北风凛冽刺骨，渔民聚集在火炉前面取暖。而鲻鱼正不受打扰地穿过水湾，沿着海岸向西边和南边游去。它们在黑乎乎的水里穿行着，波涛的浪尖就像大鱼游过之后留下来的尾流一样，在月光下银光闪闪。

|第二卷|

海鸥之径

06
春海之客

在切萨皮克海角和科德角的肘弯处之间，是陆地的尽头，亦是真正的海洋开始的地方，那里距离潮汐线大概五十到一百英里。陆地过渡到海洋的真正标志并不是海水距离海岸的远近，而是海水的深度。因为无论在何处，那缓缓倾斜的海床都会感受到上面一百多英寻海水的重压，突然之间，便开始落入海底的悬崖峭壁之中，从朦胧暮光一下子坠入无尽的黑暗。

在陆地边缘的蓝色迷雾中，鲭鱼群在冬季最寒冷的四个月里便萎靡不振地躺在那里。它们在上层水域已经艰苦生活了八个月，着实需要休憩。在深海的入口处，它们靠着从夏日的饕餮盛宴中囤积的脂肪来维持生命。冬眠快要结束的时候，它们的身体因为产卵开始变得很重。

四月的时候，在弗吉尼亚海角大陆架边缘躺着的鲭鱼便从冬眠中苏醒过来。或许，是那向下的洋流涌入了鲭鱼的栖息地，唤醒了它们，使它们模糊地觉察到海洋里季节的变迁——这是海洋里亘古不变的一种循环。几周以来，寒冷而又沉重的表层海水，即冬季海水，此时已经在不断下沉，落入海底之后便取代了那里更为温暖的海水。于是，温暖的海水渐渐上升，将海底丰富的磷酸盐和硝酸盐带到了表层水面。春日的暖阳以及营养丰富的海水唤醒了正在休眠的植物，使其一下子活跃起来，快速地生长，大量地繁殖。春回大地，为其带来了浅绿色的嫩芽和饱满的花蕾；春归大海，为其带来了大量体型微小的单细胞硅藻。或许，下沉的洋流也给鲭鱼带去了海洋表层的一些信息：上层水域的植被生长得很繁茂，甲壳动物成群结队地在硅藻丛组成的富饶牧场中游走觅食，并在水中产下了大片大片有着精灵脑袋一般的幼虫。不久之后，各种各样的鱼类会在春日的海洋里穿梭游弋，以海水表面丰富的生物为食，并且会在水中产下它们自己的幼鱼。

或许，洋流流过鲭鱼栖息地的时候还给它们带去了淡水即将注入海洋的消息。冰雪消融后，汇成一股股洪流顺着沿岸河流滚滚而下，直奔海洋，渐渐冲淡了海水那苦涩的咸味。海水的浓度降低后吸引了许多即将产卵的鱼类。然而，无论春日是以何种方式唤醒休眠的鱼儿的，鲭鱼对其却做出了迅速地回应。它们的大军开始集结，在光线黯淡的水中穿梭游走，成千上万的鲭鱼向着上层水域进发。

在离鲭鱼过冬的栖息地大约一百英里的地方，海水从幽深黑暗的大西洋底部慢慢上升，开始攀爬大陆坡那泥沙淤积的一侧。海底一片黑暗，寂静无声，海水从离海底一英里左右的地方慢慢向上爬升了数百英里的样子，直至黑色的海水开始褪成紫色，紫色变成深蓝，最后深蓝又变成了蔚蓝。

在距海面一百英寻的地方，海水在骤然而起的峭壁边缘翻滚着，这是大陆地基形成时所留下的碗状盆地的边缘，越过这个边缘之后，海水开始沿着向上的斜坡往大陆架上攀爬。在大陆架缓缓倾斜的边缘地带，海水第一次遇到了一大群在肥沃的海底平原上游弋觅食的鱼类，因为在深海之渊只能看到又小又瘦的鱼儿在孤零零地觅食，或者一小撮鱼儿一起寻觅少得可怜的食物。但是在此处，鱼儿们却有一座物资富饶的牧场供其享用，里面有着大片大片植物状的水螅虫和苔藓动物，有乖乖躺在沙子里面的蛤蜊和鸟蛤，还有虾和螃蟹，它们时隐时现，在看到鱼嘴张开之时，它们便如见到猎犬的兔子一样飞奔而逃。

现在，汽油驱动的小型渔船正在海面上航行。海水抑或从绵延数英里的悬挂在浮子上面的刺网网眼中倾泻而过，抑或与沙质海底上网板拖网的拉拽力较量着，这些景象随处可见。此刻，海鸥那白色的翅膀第一次在天空上排列出整齐的队形，因为除了三趾鸥（又称“霜鸥”）之外，其他的海鸥都喜爱拥抱海之边缘，远海往往使它们感到不安。

当海水进入大陆架之后，它遇到了一连串与海岸平行的浅滩。在成为潮水之前这五十至一百英里，海水必须跨越每一片或者一连串的浅滩，必须从周围的山谷出发向上攀爬，越过山丘，爬上那大约一英里宽的布满贝壳的高原，然后朝着岸边再一次下落，落至另一个山谷更为幽深的阴影中。这座高原要比山谷物质富饶得多，那里栖息着上千种品种繁杂的无脊椎动物，它们都是鱼类赖以生存的美味佳肴，因此更多大型鱼群都游至此处觅食。通常来说，浅滩上方水域中有着丰富的小型浮游植物和动物，这些动植物种类繁多，四处漂流，抑或随着洋流到处闲逛，抑或盲目游走着到处觅食。因此，这些浮游生物又被称为“海洋漫游者”。

当鲭鱼离开它们过冬的栖息地往海岸游去的时候，它们并没有沿着那条翻越海底山丘和山谷的路线前行。相反，它们似乎急于立刻到达阳光灿烂的上层水域，便从几百英寻以下的海底直线往水面上游去。在幽暗的深海中度过了四个月之后，鲭鱼们兴奋地在表层水域中四处游弋。它们一边游走，一边将吻部探出水面，再一次欣赏被苍穹环绕着的这片灰色无垠的海洋。

在鲭鱼浮出水面的地方，没有任何迹象可以辨别太阳是从何处升起，又是从何处落下。但是它们却毫不犹豫地从远海那片蔚蓝、咸涩的海域向沿海水域成群结队地游了过去，那里的水因为注入了河流水湾的淡水而呈淡绿色。它们所追寻的是一片辽阔的、不规则的水域，那片海域从南偏西的切萨皮克海角一直延伸到北偏东的楠塔基特岛的南部地区。大西洋上鲭鱼的产卵地有的距离海岸只有二十英里，有的则有五十英里或者更远一些，自古以来，它们就在这里繁衍后代。

整个四月下旬，鲭鱼从弗吉尼亚海角游上来，匆匆忙忙地往海岸方向游去。因为春日迁徙开始了，海洋里面充满一股兴奋的骚动。有些鱼群的规模很小，有些则规模巨大，有一英里宽，几英里长。白天的时候，海鸟看着这些鱼群向海岸前行，仿佛一团黑云在碧绿的海水中漂游；但是到了晚上，前进着的鱼群就像是将熔化了的金属倾泻于水中，因为它们游动的时候惊扰了各种各样闪闪发光的浮游生物。

鲭鱼们都默不作声，游得悄无声息，但是它们途经之处的水域却产生了巨大的骚动。远处成群结队的玉筋鱼和鳀鱼一定感受到了鱼群靠近时水波的振动，于是它们惊慌逃窜，游过了远处那片碧绿的海水。鲭鱼群行进时产生的振动也许还传到了下面的浅滩地带，穿梭于珊瑚丛的虾和螃蟹、匍匐在岩石上的海星、狡猾的寄居蟹，以及海葵那苍白的花朵，都感受了那股振动。

当鲭鱼匆忙向海岸边奔赴的时候，它们的队伍分成好几列游走着。在这几周里，鲭鱼从远海奔涌而来，大陆边缘与海岸之间星罗棋布着的浅滩上常常是黑乎乎的，就像地面曾经因为另外一群迁徙生物——旅鸽——飞过而变得一片暗淡朦胧一样。

随着时间的推移，这群向着海岸奔游的鲭鱼到达了近岸水域之中，在那里它们卸下了沉重的负担，将卵子和精子排出，身体顿时轻松很多。它们在身后留下了一团极其微小的透明球体，这些球体构成了一条广阔无垠、绵延不绝的生命之河。这条海洋里面的生命之河与天空中那条星光浩渺的银河遥相辉映。据说，一平方英里的水中就有数亿枚鱼卵，渔船行驶一小时所经过的水域里就有几十亿的鱼卵，而整片产卵区域内的鱼卵数量可达数百万亿。

产卵之后，鲭鱼转身向新英格兰地区近海处富饶的觅食区游去。现在，鲭鱼们则一心一意向着那片它们所熟知的古老的水域前行，在那里一种叫作哲水蚤的小型甲壳动物正在水域中穿梭，仿若一团红色的云朵。至于鲭鱼的后代，海洋会好好照料，就像它一直照料着其他鱼类、蛤蜊、螃蟹、海星、蠕虫、水母和藤壶的后代一样。

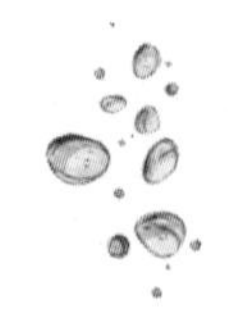

07
鲭之诞生

这个故事的主角是斯科博，它是一条鲭鱼，诞生于远海的表层水域之中，那里距离长岛西端大概南偏东七十英里。它刚刚出生时是一个小圆球，比罂粟的种子还要小，在浅绿色的海面上漂浮着。这只小圆球的体内藏着一滴琥珀色的油脂，这可以使它漂浮在水面上。小圆球里面还有一小粒灰色的生命体，小得可以用针尖挑起来。随着时间的推移，这个小小的生命体变成了斯科博，一条强壮的鲭鱼，和它的同类一样拥有流线型的身材，可以在海洋中四处遨游。

斯科博的父母是上次鲭鱼迁徙大潮中的成员，它们在五月的时候从大陆架的边缘地带游过来，虽然腹中满是鱼卵，但是它们却仍然快速向海岸游去。在它们旅程的第四天晚上，一股洪流涌向陆地，这时鲭鱼开始将身体里面的鱼卵和精子排入海水之中。其中一条雌性鲭鱼产下了四五万枚鱼卵，有一枚鱼卵后来就变成了斯科博。

在这个世界上，几乎没有比这个水天相接的地方更加奇异的出生地了，这里居住着许多奇奇怪怪的生物，并且受着风、太阳和洋流的统治。这是个万籁俱寂的地方，除了偶尔有风在浩瀚的水面上或低语或咆哮；或是有海鸥乘风而来，发出尖锐狂野的叫声；又或是有鲸鱼破浪而出，从体内排出憋了许久的一口气，然后再次翻身潜入海中。

鲭鱼群继续向北方和东方迅速前进着，它们的行程几乎没有被中途产卵打断。当海鸟在深水平原上找到过夜的栖息地的时候，一群群形貌奇特的小动物从远处幽暗的深海山丘和山谷悄悄地游了过来，潜入表层水域之中。夜晚的海洋是属于浮游生物的，属于那些微小的蠕虫和小螃蟹、玻璃般透明的大眼虾、藤壶和贻贝的幼虫、不断伸缩的钟状的水母以及海里其他一切躲避阳光的小鱼苗。

这真的是一个奇异的世界，居然让像鲭鱼卵这样脆弱的东西随意漂流。这里到处都是小小的捕猎者，它们若想要生存下去，就必须以自己身边的生物为代价，无论这个生物是植物还是动物。鲭鱼卵被那些早期产卵的鱼类刚刚孵化的幼鱼、贝类、甲壳动物以及蠕虫的幼虫在水中推推搡搡。那些幼鱼中，有一些才出生几个小时而已，就已经独自在海中四处游走，忙碌觅食；有一些游出水面，挥舞着螯爪，猎捕一切小得可以被制服并且能够吞咽下去的食物。还有一些幼鱼要么用下颌去咬食那些动作不如自己敏捷的猎物，要么用长满纤毛的嘴吮吸硅藻那四处漂浮的绿色或者金色的细胞。

海里面当然还充满了比微小的幼鱼更加大型的捕猎者。在鲭鱼父母离开后不到一个小时里，一群栉水母就游到了海面。这些栉水母看起来就像大型的醋栗，它们通过拍打盘状分布的绒丝般的毛发，或者说是纤毛，来到处游走。这些纤毛分为八缕，分布在栉水母透明身体下方的四周。它们体内的成分几乎都是海水，但是它们每天却要多次捕食，以获取跟自身重量相等的固体食物。现在，它们正慢慢地向着海面上升游走，那里数百万枚刚刚产下来的鲭鱼卵正在上层海域自由自在地漂浮着。当来到海面的时候，它们缓慢地绕着身体长长的轴心来回旋转，闪烁着冰冷的磷光火焰。一整晚，栉水母都在用自己致命的触须搅动着海水，每根触须都细长而具有弹性，完全展开后长度可达到身体长度的二十倍。在幽暗的水中，它们因为贪婪互相推搡，来回旋转，在水中发出如冰霜般的绿光。漂浮着的鲭鱼卵被柔软的由触须构成的网卷起，在触须迅速收缩之间，便尽数落入垂涎已久的口中。

在斯科博来到世界上的第一晚，栉水母那冰冷光滑的身体与其多次相撞，栉水母那探寻的触须只差一寸就会触及那漂浮着的小圆球，在这个小圆球中斯科博那原生质颗粒已经分裂成为八个部分，开始进入从单个细胞的受精卵迅速转化为鲭鱼胚胎的发育阶段。

就在与产生斯科博的鱼卵一同漂浮着的数百万枚鲭鱼卵之中，有数千枚鲭鱼卵便止步于进入生命之旅的第一阶段，因为它们被栉水母抓住，咽入腹中，然后迅速地转化为敌人体内水分含量很多的组织。通过这种轮回，它们可以再次畅游海洋，也捕食着自己的同类。

整个晚上，天空中一丝风也没有，海洋上面水静无波。但是，鲭鱼卵的大量毁灭还在继续进行着。临近黎明，一阵微风从东方吹来，水面上泛起层层涟漪。不到一个小时，稳稳地吹向南方和西方的狂风就激起了滔滔巨浪。在水面上的第一波浪潮平息之后，栉水母就开始下沉到深水区域。即使是栉水母这种身体只由内外两层细胞构成的简单生物，也会有一种自我保护的本能。这种本能使它们在某种程度上能够感知汹涌澎湃的海水会给它们那脆弱的身体带来灭顶之灾的威胁。

在鲭鱼卵出生后的第一个夜晚，每一百枚鲭鱼卵中就有十个以上的鱼卵结束了生命，它们要么被栉水母咽入腹中，要么因为某种先天缺陷在前几轮的细胞分裂之后夭折。

现在，一股狂风袭来，向南方刮去，这为鲭鱼卵赶走了大多数表层水域里的敌人，但是这股风也为它们带来了新的危险。在狂风的驱使下，上层海域的海水顺着风向流动着。而这些漂浮在水面上的圆球状的鲭鱼卵也随着水流向南方和西方漂去，因为所有海洋生物的卵都对此无可奈何，只能任凭海洋摆布。不巧的是，这流向西南方向的海水把鲭鱼卵带离了它们同类常去的哺育地，来到了一片幼鱼食物匮乏，充满饥肠辘辘的捕食者的水域。由于这种不幸的发生，每一千枚鱼卵里最多只有一枚可以成功完成发育。

第二天，当鱼卵金色圆球里面的细胞通过无数次分裂而数量倍增时，卵黄上面开始形成盾状的鲭鱼胚胎，而此时成群的新的敌人正穿过浮游生物向此处前进。箭虫是一种透明纤细的生物，它们如箭矢一般在水中快速穿行，从四面八方飞奔而来，捕食鱼卵、桡足类动物，甚至其他同类箭虫。虽然在人类看来，箭虫不过是体长不到四分之一英寸的小动物，但是对于小型的浮游生物而言，它们面凶齿利，简直就像是恶龙那般可怕至极。

漂浮着的鲭鱼卵被横冲直撞的箭虫搅得四散开来，箭虫对其狼吞虎咽。当洋流和潮水又把鲭鱼卵卷到另一片海域之中时，因为被大量吞食，鲭鱼卵的伤亡甚是惨重。

当周围其他的鱼卵全部被猎捕吞食之时，承载着斯科博胚胎的鱼卵又一次毫发无损地漂走了。在五月温暖的阳光下，鱼卵中新生的年轻细胞被阳光刺激后开始了剧烈的活动——生长、分裂、分化成不同的细胞层、组织和器官。经过两天两夜的生命活动之后，鱼卵里面那线状的鱼的身体开始慢慢成形，绕着给自己提供养分的卵黄球半弯曲着。现在可以看到鱼身中间有个细细隆起的东西，那是正在逐渐硬化的棒状软骨，这其实是鱼脊柱的前身。前端凸起的那一大块是鱼的头部，在其上两个稍小一些的凸起便是斯科博未来的眼睛。到了第三天，脊柱两侧出现了十二块“V”字形的肌肉板；通过半透明的头部组织，可以看到里面的脑叶；耳囊也出现了；眼睛也即将发育完成，透过卵壁可以看到那里面的黑色，正在目不转睛地窥视着周围的海洋世界。天色逐渐变亮，这是斯科博出生以来的第五个日出，在头部之下，有个薄壁的囊，囊内的液体将其染成了深红色，这个囊颤抖着，跳动着，开始平稳地搏动起来。只要斯科博的身体内生命犹在，这个搏动便会一直持续下去。

这一整天，鱼卵的发育速度非常快，好像急于为即将到来的孵化做好准备一样。不断增长的尾巴上面出现了一条薄薄的凸起的组织，那其实是鱼鳍骨。日后会有很多小尾鳍从这里长出来，像一排排伫立在风中的旗帜一样。那贯穿小鱼腹的敞开的凹槽的两侧，在一个由超过七十块肌肉组成的肌肉板的保护下，正在平稳地向下生长着，到了下午的时候，凹槽闭合，形成了鲭鱼的消化道。位于搏动的心脏上方的口腔进一步加深，但距消化道还很远。

在这段时间里，海面的洋流在海风的驱动下，带着一团浮游生物向着西南方向平稳地流动着。在鲭鱼产卵后的六天里，海洋中的捕食者对鱼卵的猎捕一直在继续，从未减少，因此已经有超过一半的鱼卵被吞食或者在发育过程中夭折了。

正是在这几个晚上，鱼卵遭受了最严重的屠杀。夜间漆黑一片，海洋平静地躺在苍穹之下。在这些夜里，成群的浮游生物漂浮在海面上，数量之多、光彩之亮可媲美天空中的璀璨星辰。大批栉水母、箭虫、桡足类动物、虾、水母体以及半透明的有翼蜗牛都从深海游到了上层水域，在幽暗的水面闪闪发光。

当东方黑色的天空因为第一缕光线的出现而被稀释变浅时，这意味着不停旋转着的地球正带着世间万物踏入黎明之中，一群奇怪的队伍开始匆忙向水下游去，这是浮游生物为逃离尚未升起的太阳的缘故。除非云朵遮住太阳射出的万丈光芒，否则在这些小型生物中，仅有一小部分才能够忍受得了在白天留在水面。

斯科博和其他鲭鱼幼鱼及时加入了那匆匆前行的队伍之中，白天的时候它们向下朝着深绿色的海域游去，当大地再次进入黑暗的时候，它们又一次游上来。现在，胚胎状的鲭鱼仍然被困在鱼卵之中，没有自由行动的力量，但是因为鱼卵只能停留在与自身密度相同的海水之中，所以它们只能在密度相等的那层海域里水平漂流。

第六天的时候，洋流把鲭鱼卵带到了一片到处都布满密密麻麻的螃蟹的浅滩上。此时正值螃蟹的产卵季，这时在雌性螃蟹体内度过了整个冬天的卵纷纷破壳而出，从里面钻出来许多小精灵似的小幼蟹。一刻也不耽误，小幼蟹就朝着上层水域游去，在那里它们会经历不断地蜕皮，改变外形，最后变成它们螃蟹种族的本来面貌。只有经过浮游生物这一生命阶段，它们才会被生活在宜人的海底平原上的螃蟹大家族接纳。

现在，它们都急急忙忙地向上游着，每只新生幼蟹都划动着它们那棒状的附肢，稳稳当当地在水中游走，它们瞪着大大的黑眼睛四处张望，时刻准备用锋利的吻部抓住大海可能提供的任何食物。在那天剩下的时间里，幼蟹和鲭鱼卵一起被洋流卷着向前漂去，由此幼蟹可是饱餐了一顿。夜晚时分，两股洋流展开了较量，一股是潮汐流，一股是海风驱动的洋流，最后许多幼蟹被流水带向了岸边，而鲭鱼卵则继续向着南方漂流。

海水中有很多迹象已经表明：洋流到了非常靠近南方的水域。在幼蟹出现的前一天晚上，南方栉水母——淡水栉水母——发出耀眼的绿色光芒，这光芒把方圆数英里的海面都映得亮堂堂的。这种栉水母的纤毛梳在白天闪烁着五颜六色仿若彩虹般的光芒，到了晚上则在海水中绽放出犹如绿宝石般的荧荧光彩。现在，在这片温暖的表层水域上，第一次出现了颜色浅浅的南方水母——霞水母。它们在水中抽动着，伸展着数百条触须在水中捕食鱼类或者其他任何被缠绕住的猎物。一连好几个小时，海洋中到处都充满了大批的樽海鞘，它们状如顶针一般，仿佛一个透明的桶紧紧地箍在一块块肌肉上面。

在鲭鱼产卵后的第六天晚上，鱼卵那小小的坚实的外壳开始破裂了。一条又一条小鱼从这个禁锢它们已久的小圆球内滑了出来，第一次和海洋来了个亲密接触。这些小鲭鱼是如此之小，以至于二十条小鲭鱼首尾相连排成一列也不足一英寸长。在这群孵化出来的小鲭鱼里面，其中一条就是斯科博。

显然，它仍旧是一条尚未发育完全的小鱼。它看起来似乎是过早地从鱼卵里面跑了出来，所以完全没有准备好如何照顾自己。它的鳃裂虽然很明显，但是尚未连接到喉咙，所以根本无法呼吸。它的吻部还仅仅是个封闭的囊。幸运的是，这条新孵化的小鲭鱼仍然与卵黄囊相连，可以从中汲取养分。它只能依靠这个生存下去，直到它的吻部张开，能够正常吞咽食物。然而，因为这个卵黄囊甚是笨重，小鲭鱼只能倒悬在水中，随波逐流，对自己的行动无能为力。

在接下来的三天里，小鲭鱼的生活发生了翻天覆地的变化。随着身体发育的进一步完善，小鲭鱼的吻部和鳃裂发育完全，鱼鳍从背部、两侧以及腹部长了出来，渐渐地有了力量，能够自由移动。它们的眼睛因为色素而变成了深蓝色，此时正因为这一变化，它们可以将最初眼前看到的一切信息传递到自己的小脑袋。慢慢地，卵黄囊开始萎缩，然后消失不见。而斯科博也发现自己可以调整身体，通过摆动仍旧圆嘟嘟的身体和鱼鳍在水中自在游弋。

日复一日，它顺着向南方倾泻而去的洋流平稳地漂游着，它对此浑然不觉。但是就算它有所察觉，它那力量孱弱的鱼鳍，也无法与洋流相抗衡。于是，它便随着海水漂流着，现在正式成为了浮游生物漂流大家族中的一员。

08 浮游生物之死

春天的海水中到处都是匆匆游走的鱼类。变色窄牙鲷正在从弗吉尼亚海角的过冬地向北方迁徙，它们要去新英格兰的南部沿岸水域，它们将会在那里繁衍后代。成群年幼的鲱鱼在海面下方快速游弋着，激起的层层涟漪比微风拂过还要少一些。成群的油鲱排成紧密的队伍向前行进着，它们的身体在阳光的照射下闪烁着青铜色和银色的光芒。对于密切注视着它们的海鸟而言，它们就如同一团乌云在深蓝色的光滑海面上泛起褶皱。混迹于油鲱和鲱鱼的漫游队伍中的还有姗姗来迟的西鲱，它们沿着那条通往自己出生地的河流的海洋航道行进着。在这支银光闪闪的生命之伍里，最后一批鲭鱼闪着蓝色和绿色的光芒，与其他鱼类的光彩交相辉映。

现在，上层水域中匆匆游行的鱼类冲挤着刚刚孵化的鲭鱼。此时，一小群海燕从遥远的南部飞回了大海，这是它们第一次在这个季节振翅翱翔。这些鸟儿从平原或者海上平缓的小山丘上慢慢地飞着，从一个地方又飞到另一个地方，优雅地落在海面几片浮游生物的上面，就像在花朵之间蹁跹并吸食花蜜的蝴蝶一样。这些小海燕对北方的冬天一无所知，因为冬天来临时，它们早已启程向遥远的南大西洋和南极岛屿飞去，那里此时正值夏季，它们可以繁衍后代。

有时候，海面上会连续几个小时都会飞溅起白色的浪花，那是最后一批春迁的塘鹅前往圣劳伦斯湾的多石山脊时所激起的水花。它们会从高空坠入水中，猛烈地拍打着翅膀和蹼爪，潜入水底追捕鱼类觅食。随着海水向南方继续漂流，鲨鱼那灰色的身影也时常出现，它们正在追捕前进着的油鲱鱼群；鼠海豚的背部在阳光的照耀下闪闪发光；背着藤壶的老海龟在海面上自在游走。

然而，到目前为止，斯科博对自己所生活的这个世界仍然知之甚少。它的第一餐是水中微小的单细胞植物，它先将其连带海水一同吸入吻部，然后再通过鳃耙滤出海水，最后将其吃入腹中。后来，斯科博渐渐学会抓捕跳蚤般大小的甲壳类浮游生物，它先冲进浮游生物群里面，然后快速捕食吞咽这种新食物。和其他小鲭鱼一样，斯科博每天大部分时间都待在海面以下数英寻的地方，到了夜间它们再游上来，在因蜉蝣生物而荧光闪闪的幽暗海水中穿梭游弋。其实小鲭鱼这些举动都是不自觉的，它只是在追寻食物而已。因为斯科博至今还分不出白天与黑夜，也辨不明浅海与深海。但是有时候，当它摆动着鱼鳍向上游去的时候，它会进入一片闪着金绿色光芒的水域，那里各种各样游动着的身影会突然映入眼帘，动作十分迅速，轮廓极度清晰。

在表层水域中，斯科博第一次体会到了被猎杀的恐惧。在它出生后第十天的清晨，它并没有跟随其他鱼类一起游入那温柔友好的深海之中，而是继续在上层水域中漂游。这时，从清澈碧绿的水中突然冒出来十几条闪闪发光的银色鱼儿，朝着它慢慢逼近。这种鱼是鳀鱼，体型较小，形似鲱鱼。游在最前面的那条鳀鱼一眼就发现了斯科博，它瞬间转变航向，旋转着穿越那片阻隔在它俩之间的水域，张开嘴巴，准备捕食这条小鲭鱼。斯科博顿时惊慌失措，急忙转身，但是它才刚刚学会游泳，只能在水中笨拙地翻滚着。在这千钧一发的时刻，斯科博原本会被抓住吞掉，但是另一条鳀鱼却从对面冲了过来，与第一条鳀鱼撞在了一起，于是斯科博趁乱脱身，迅速游到了它们下方。

现在，斯科博发现自己正置身于上千条鳀鱼组成的大鱼群之中。它们那银色的鱼鳞在斯科博的周围闪闪发光。它们横冲直撞，互相推搡，使得斯科博无计可施，无法逃离。这群鱼从四面八方朝着斯科博涌了过来，贴着波光闪闪的水面迅猛前行。此刻，没有一条鳀鱼注意到这条小鲭鱼，因为整个鳀鱼群都在全力逃窜。一群年幼的青鱼嗅到了鳀鱼的气味，于是迅速发起疯狂追击。一眨眼的工夫，它们就追上了自己的猎物，像一群狼一样，凶猛残暴地扑了过去。领头的那条青鱼先冲了上去，用自己那长着尖厉如剃刀似的牙齿掠夺着，下颌张合间，便抓住了两条鳀鱼，衔着两对被彻底切断的鱼头和鱼尾就飘走了，血腥味在海水中蔓延开来。青鱼似乎被血腥味刺激到了，发疯似的左右猛冲、狠咬。它们从鳀鱼群的中心冲了过去，冲散了鱼群原本的队形，小鳀鱼们吓得手足无措，朝着各个方向逃窜。许多小鳀鱼冲向了水面，跃入了水面上方另外一个陌生的世界。在那里，它们又被盘旋在海面上空的海鸥捕获，这群海鸥和那群青鱼其实是猎食搭档。

随着大屠杀的持续蔓延，清澈碧绿的海水慢慢地被一团污渍笼罩着。斯科博吸入海水，那铁锈色的海中混杂着一种奇怪的新味道，流入了它的嘴和鳃中。这种滋味对于从未品尝过鲜血，也从未经历过捕食者杀欲的小鱼来说，是那么的让它心烦意乱。

最终，当猎物和捕食者都已离开，连最后一条疯狂猎食的青鱼所引起的强烈振动都平息下来之后，斯科博的感官细胞才再次感受到海洋传递过来的信息，那种强劲平稳的节奏也只有海洋才具有。这只小鲭鱼的感官已经因为遇到那些不断旋转、砍杀、冲撞的怪物们而变得有些麻木了。正是在这片明亮的水域上，它曾碰到了那群追逐撕咬的鬼魅，而如今它们已经离去，于是斯科博也出发了，从明亮的水面向下游去，朝着那碧绿幽暗的深海进发，它一英寻一英寻地游着，追寻着那片可以让自己安心的幽深水域，在那里，周围潜藏着的一切恐怖事物都将被掩埋。

随着不断向下游去，斯科博闯入了一团食物“云团”之中，那是一群全身透明的大脑袋甲壳动物的幼虫，它们上周才在这片水域中孵化出来。这些幼虫摆动着羽毛状的腿，在水中跌跌撞撞地游着，它们的腿从纤细的身体旁分成两列伸展开来。几十条小鲭鱼都在吞食这群甲壳动物的幼虫，斯科博也加入了它们的捕食大军之中。它抓住了其中一只幼虫，用上颌将那透明的身体压碎，然后再一口吞入腹中。斯科博很是兴奋，迫切地想要吞食更多的食物，于是它猛地冲入漂浮着的幼虫之中。此时，饥饿感占据着它的身体，对大鱼的恐惧感也荡然无存，似乎从未发生过一般。

当斯科博在距水面五英寻的翠绿迷蒙的水域中追逐幼虫的时候，一道耀眼的光从它的视线范围内扫过，划出一个令人目眩的光弧。几乎同一时刻，这道强光之后，又闪现了一道急剧向上弯曲的五彩斑斓的光弧，而且这道光弧似乎越靠近上方微光闪烁的椭圆球体就变得越大。触须再一次向下伸展开来，那上面的根根纤毛在阳光下闪闪发光。斯科博本能地警示自己小心危险，虽然在它的幼鱼生涯中从未遇到过这种侧腕水母家族中的一员，所有幼鱼的天敌——栉水母。

忽然之间，就好像被位于上方的手迅速松开的绳子一样，身长一英寸的栉水母将其中一条触须快速伸到身下超过两英尺的水域之中，迅速展开，然后绕着斯科博的尾巴打转。触须上面长着一排横向的如发丝一般的纤毛，仿佛鸟类羽毛的羽轴上长的倒钩，但是这些纤毛又似蜘蛛网上的蛛丝一般又细又薄。触须上所有横向的纤毛都在分泌一种胶水似的黏液，使斯科博孤立无援地被缠绕在密密麻麻的细丝之中。斯科博奋力挣扎想要逃脱，它的鱼鳍在水中猛烈拍击，整个身体剧烈地扭动着。触须在一点一点地收缩、伸展，粗细程度不断变化，从发丝一般，到细线一般，再到鱼线一般，卷着斯科博一步一步地向着栉水母的嘴巴靠近。此刻，斯科博离栉水母那在水中轻柔旋转的冰冷而又光滑的身体已经不足一英寸了。这只形如醋栗的栉水母嘴巴朝上，悬在水中，轻松而又单调地拍打着自己身上长着八排纤毛的栉板，从而保持着自己在水中的位置。阳光从水面上倾泻而下，给栉水母的纤毛染上了荧荧光彩，而斯科博此时正沿着敌人滑溜溜的身体被慢慢拖上来，这光彩熠熠的纤毛亮得让它几乎目不能视。

再过一会儿，斯科博就会被栉水母吞入那耳垂状的嘴中，进入身体中间的囊处，然后被慢慢消化掉。但是此时它却安然无恙，因为栉水母在抓住它的时候还在继续消化上一顿的食物。栉水母的嘴边还垂着一条鱼的尾巴和后三分之一的身体，这条幼鲱是它在半个小时之前抓到的。栉水母的身体膨胀得很严重，因为那条鲱鱼太大了，无法整条吞咽。虽然栉水母试图用力收缩来将整条鲱鱼强行塞入口中，但是未能得逞。于是，它只能耐心等待，直至鲱鱼大部分被消化，为鱼尾部分腾出空间。而斯科博则是栉水母的储备食物，待鲱鱼吃完之后才能上桌。

尽管斯科博断断续续地挣扎着，但是它还是无法逃脱触须的缠绕，慢慢地它的挣扎变得越来越虚弱无力。栉水母的身体扭曲着，平稳而又冷酷地将鲱鱼慢慢送入那致命的囊中，那里消化酶会以惊人的速度，通过一种巧妙的“炼金术”将鱼体组织转化为栉水母身体所需的营养物质。

此时，一抹黑影出现在斯科博和太阳之间。一个鱼雷状的巨大生物在水中赫然耸现，张开血盆大口，吞噬了栉水母、鲱鱼以及被缠绕着的小鲭鱼。这条两周岁的海鳟鱼将栉水母那充满水分的身体含在口中，试着用上颚将其碾碎，随即便厌恶地吐了出来。斯科博也随着栉水母一同被吐出。它伤痕累累，精疲力尽，就剩下了半条命，不过所幸它还是摆脱了这只栉水母的魔爪，重获自由。

当一团海藻被潮水从某个底层河床或者远处的海岸卷过来，漂入斯科博的视野之中时，它悄悄地爬到了海藻叶子中，随着海藻漂浮了一天一夜。

那天晚上，当一群小鲭鱼游到海面附近时，它们其实越过了一片死亡之海。在它们下方十英寻的海域里，数百万只栉水母的身体层层堆叠，身体几乎紧密相贴，它们颤抖着、旋转着，伸出触须，极尽所能地将其伸得远一些，似乎要将水中所有的小生命都赶尽杀绝。那天晚上，几条小鲭鱼不慎误入那层布满密密麻麻的栉水母大军的海域，于是无一生还。当逐渐变暗的海水变成灰色时，一大群浮游生物和许多幼鱼纷纷从水面上往下游去，很快便遭遇了灭顶之灾。

成群的栉水母绵延了数英里，然而幸运的是，它们都潜伏在深海之中，鲜少会游到上层水域。海洋里的生物常常都是以所处海域层次的不同来进行分类的，层次分明。但是到了第二天晚上，那耳垂状的大型淡海栉水母向上层水域游了数英寻，在幽暗的海水中，它们所到之处，绿光荧荧，一些倒霉的海洋小生物便陷入了生命危险之中。

当天后半夜的时候，一种噬食同类的栉水母——瓜水母的军团来袭，它们囊状的身体呈粉红色，如人的拳头般大小。瓜水母的大军从一个大水湾而来，一路上顺着盐度较小的潮汐不断前行，来到了这片沿海水域。海洋将它们带到了这个侧腕栉水母群旋转、颤抖的地方。这些体型较大的栉水母压在体型较小的上面，大口吞食着同类，吃掉了成百上千只。它们体内那松松垮垮的囊可以膨胀得很大，腹中刚刚填满，但惊人的消化速度又会立刻使其腾出空间，吞噬更多食物。

当清晨再度降临海洋，侧腕水母群落的数量已经减少到原先规模的零头，它们七零八落地漂浮着，这片它们曾经待过的海域此刻静谧得出奇，因为这里几乎已经没有任何活的生命得以存留。

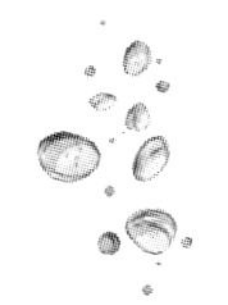

09
海之港湾

当太阳进入巨蟹宫之时，斯科博也到达了新英格兰地区的正近鲭鱼聚集的海域。七月的第一次大潮将它带到了一个小小的海港，陆地凸起的一片狭长地带将它与海洋隔开，使它免遭其害。斯科博像一条孤立无援的幼鱼，从数英里之外的南部乘着海风和洋流漂泊至此，现在终于回到了小鲭鱼真正的家园。

在出生后的第三个月里，斯科博的体长已经超过了三英寸。在沿岸的旅途中，这只幼鱼那笨重、未发育完全的身体已经被塑造成了鱼雷状，肩部有了少许力量，锥形肋腹游动的速度也更快了。如今，它已经换上了成年鲭鱼的海洋衣装。它全身长满了鳞片，但是这些鳞片十分精致小巧，摸上去像天鹅绒一般柔滑。它的背部是深深的蓝绿色，那是斯科博至今尚未见过的深海的颜色。在这蓝绿色的背景之上，有一些不规则的墨黑色条纹，从背鳍中间一直延伸到肋腹处。它的腹部闪烁着银色的光芒，当它贴着水面自在游弋的时候，阳光倾泻而下，它又闪烁着彩虹般五彩缤纷的光彩。

许多年轻的鱼类都生活在海港中，有鳕鱼、鲱鱼、鲭鱼、青鳕、青鲈以及银汉鱼，因为此处的水域之中食物丰富。每隔二十四小时潮水就会从远海经过狭窄的入口涌入海港两次，入口一侧是长长的海堤，另外一侧则是岩石遍布的海岬。潮水迅速涌了过来，滚滚潮水被迫挤进这个狭窄的通道之中，当潮水打着旋儿从这个小湾处流过时，一大片浮游生物也被裹挟而来，其中还夹杂着其他一些被潮水从岩石或者海底拉扯下来的小生物。每隔二十四小时，当清澈、咸涩的潮水两次涌入海港之时，年轻的鱼类便会兴奋地游过来，尽情享用海洋通过潮水带给它们的美味佳肴。

海港里面的小鱼中有数千条都是鲭鱼，在它们出生后的前几周里，它们辗转于各种各样不同的沿岸水域，但是最终在洋流的推动和自己漂游的作用下，它们来到了这片海港。由于群居的本能已经在它们的心中根深蒂固，这些小鲭鱼很快聚集成一个群落。因为每条小鲭鱼都经历了漫长的迁徙之旅，所以它们现在对海港中日复一日的安稳日子感到甚是满足。它们时而沿着长满海藻的海堤上下游弋；时而感受着海水漫过小湾温暖的浅滩；时而也会冲出去迎接袭来的潮水，急不可耐地等待着随着潮水而至的成群的桡足类动物以及小虾，而潮水从未让它们失望。

海水从狭窄的水湾涌入海港的时候，被卷入海底冲刷而成的洞穴，打着旋儿，然后在漩涡和涡流中向前疾驰而去，撞上岩石之后，便碎成朵朵白色的浪花。这里的潮水汹涌澎湃，难以捉摸，因为潮水何时涨潮、何时退潮的时间在海港内外的情况不同，而水湾两侧水流的推力、拉力以及潮水不断改变的重力之间的较量也从未停歇。水湾的岩石上缠绕着一群喜欢湍急水流和不息漩涡的生物。这些生物常常从岩石深色的凸起处或者海藻丛生的岩架中伸出触须和下颌，热切地捕食着那随着水流蜂拥而至的生物。

一旦穿过水湾之后，海水便呈扇形在小湾中漫延开来，沿着海港东侧的古老海堤迅速向前流去，拍打着码头上的桩子，拉拽着停泊在此处的渔船。海水流入海港的西侧之后，水面上倒映着悬在海岸上的橡树和雪松丛，海水搅动着海岸边的石头，发出轻柔的碰击声。在小湾的北部边缘，海水浅浅地在沙滩上漫延开来，水位线以上似微风拂过，微波荡漾，水位线以下如海浪袭来，波涛汹涌。

在小湾大部分的海床之上，海水从一片片齐腰高的海藻丛中倾泻而过。在海底，只要有岩石的地方，这样的海底花园便会慢慢长出来，因为小湾的海床上面布满岩石，在天空中翱翔的海鸥和燕鸥看来，海床上面到处都长满了茂密海藻，斑斑驳驳，黯淡幽深。在海藻丛之间沙质的空地上，小湾里面的小型鱼类便会成群结队地涌过来，显得焦躁不安。亮闪闪的绿色鱼群和银色鱼群游进游出，时而忽然转弯，时而分道扬镳，然后又再次胜利会师；抑或突然受惊四下逃窜，似一簇银色的流星雨一般散落各处。

沿着海水的路线，斯科博也游入了海港之中，它在潮水激流之中颠簸前行，被水流推来搡去，在小湾处旋转、翻滚着，直至找到一片平静的水域，它沿着岩草丛之间的沙质小道一路前行，来到了这条古老的海堤。海堤上，长着浓密的杂草，棕色的、红色的、绿色的到处都是，仿佛一条色彩斑斓的壁毯。当斯科博正要游进那股席卷堤墙的急流之中时，一条小鱼从草丛中突然快速窜了出来，这抹颜色较深、体型矮胖的身影吓了它一跳，使它惊慌逃离。这是条青鲈，像它所有同类一样钟情于码头和海港。这条青鲈的一生原本一直在小湾中度过，大部分时间都在堤墙和渔船码头的庇护下生活，咬食着依附在码头桩子上面的藤壶和小型贻贝，在码头桩子和堤墙的海藻丛中搜寻着片脚类动物、苔藓动物以及各种其他生物。

只有最小的鱼才会沦为青鲈的猎物，因为自己凶恶地横冲直撞，大一些的鱼会被它从自己的猎食地盘吓跑。

现在，斯科博沿着堤墙继续往上游，来到了一片幽暗而又静谧的海域之中，渔船码头那深深的影子倒映在水面上。一大群鲱鱼忽然从那片阴影中冒出来，向着斯科博冲了过来。阳光洒在鲱鱼的身上，光彩闪烁，有翠绿色、银色，还有青铜色。这群鲱鱼刚刚躲过生活在海港中的那条小鳕鱼，它常常恐吓、捕食周围比自己小的一切鱼类。当这群鲱鱼在斯科博周围打转的时候，这条小鲭鱼体内的一种新的本能被瞬间激发了出来。斯科博转身，高度倾斜着冲过来，咬住了一条小鲱鱼。斯科博尖利的牙齿深深地刺入鲱鱼那柔嫩的身体组织之中。它叼着这条鲱鱼向更深的水域游去，停在了摇曳的海藻丛上方，在那里它将鲱鱼撕成碎片，两三下便吞入腹中。

当斯科博转身离开自己的猎物时，一条青鳕正扭着身体转过来搜寻任何在码头阴影中可能还徘徊着的鲱鱼。那条青鳕一看到斯科博，便杀气腾腾地向下冲过来，但是如今的小鲭鱼个头大，游速快，青鳕根本就不可能突袭成功。

这条青鳕出生在缅因州海岸冬季的海洋之中，这是它生命中的第二个夏天。当它还是一英寸长的小鱼苗的时候，它就曾被洋流卷着向南部海域漂去，远远地离开了自己的出生地。后来，它稍微长大了些，靠着自己鱼鳍和肌肉上的新生力量与海洋相抗衡，最后回到了沿岸浅滩，然后它又从浅滩出发向自己出生地以南的那片水域漂游，途中它大肆捕食着产卵季在近海岸水域群聚的其他幼鱼。青鳕是一种凶猛而又贪婪的小鱼，它可以击溃一个由数千条鳕鱼幼鱼组成的鱼群，使得它们惊慌失措，四处逃窜。被吓得半死不活的幼鱼会偷偷爬到海藻和岩石下面寻求庇护。

那天早上，青鳕杀死并吃掉了六十条小鲱鱼。到了下午，当玉筋鱼群从沙子里出来在潮水中觅食的时候，青鳕正在小湾的浅滩地带来回穿梭，只要那鼻子尖尖的银色小鱼一现身，它便立刻猛扑过去。去年夏天，当时青鳕还是个一岁的小鱼苗，玉筋鱼对它而言便是海洋中最可怕的鱼类了，因为玉筋鱼会对青鳕幼鱼群穷追猛打，不断纠缠，一旦瞄准了受害者，便会用长矛状的嘴凶猛地刺过去。

日落时分，斯科博和其他几十条小鲭鱼成群结队地一起漂在距海面一英寻的蓝灰色海域中。对它们而言，这是一天中觅食的最佳时机之一，因为会有大批各种各样的浮游生物游经此处。

海湾里的水静静地流淌着。此时正是鱼儿游上来，用吻部刺破那薄如蝉翼的水面、窥探苍穹之下的陌生世界的时候；也是缓缓的钟鸣声从远处的礁石或者浅滩上传过来，响彻水面的时候；亦是成群生活在海底的生物从洞穴和泥道里面爬出来，或是从石头地下钻出来，或是松开紧紧抓着的码头桩子，游到上层水域的时候。

在最后一缕落日的金色余晖从海面上消失之前，随着海水中布满了一大群沙蚕，斯科博的肋腹就开始感到一阵阵轻快的振动。沙蚕体长六英寸，这种水中的铜色小精灵的身体中间有一部分呈红色，像腰带一般。成百上千只沙蚕从沙滩上的洞穴以及海港浅滩地区的贝壳下面钻了出来。白天，它们会潜伏在岩石下面的阴暗凹穴之中，或是躲在可以庇护自己的盘根错节的大叶藻根中间。一旦有在海底游动的蠕虫或者匍匐前进的片脚类动物接近它们的时候，它们也许会伸出凶狠的头部，张开琥珀色的嘴巴，一下子将猎物擒住。生活在海底的小生物，没有谁能够在误入沙蚕洞穴附近，还能够从那等待已久的利颌下死里逃生的。

虽然白天的时候，沙蚕在自己的地盘里是个厉害的捕猎小猛兽，但是到了晚上，沙蚕群里面的雄性沙蚕就会出来，和自己的同类朝着海洋那银光闪闪的海面蜂拥而去。当夜幕迅速降临到大叶藻根部之间，悬于上方的岩石的阴影变得更长更黑，而此时雌性沙蚕则会继续待在巢穴之中。雌性沙蚕身上并没有那种红色的腰带，它们身体两侧窜出来的两排附肢纤细而且脆弱，并未像它们的配偶那样转化成便于游泳的扁平桨状前肢。

一大群大眼虾在日落之前游到了海港中，其后还尾随着更多的小青鳕。直到暮色降临之前，一大群银鸥也飞了过来。虽然大眼虾的身体是透明的，但是在银鸥的眼中，它们就像是一团在海面上移动的红点一样，因为每只大眼虾的身体两侧都有颜色鲜艳的斑点。现在，在幽暗的海水中，这些斑点随着大眼虾在海港水域中四处游走而闪烁着耀眼的磷光，这磷光与栉水母身上发出的冷冰冰的绿光交相辉映。而对于斯科博来说，栉水母如今已不再那么令其畏惧了。

但是在那天晚上，有许多奇形怪状的身影游到了渔船码头附近的水域，一大群小鲭鱼也成群结队地躲在那片幽暗静谧的水域之中。原来闯入海港的身影是一群枪乌贼，它们是所有小鱼的宿敌。这群枪乌贼在春季的时候从远海迁徙至此，那里是它们冬天的休憩地，夏天的时候，它们就会捕食大陆架上方挤来挤去的各种鱼群。而当鱼类产卵结束后，它们的幼鱼便会来到受保护的海港寻求庇护，此时饥肠辘辘又贪得无厌的枪乌贼便会慢慢游得距陆地更近一些。

退潮之时，枪乌贼逆着潮水游入斯科博和它的同类所栖息的海湾。它们悄无声息地潜入，没有任何征兆。它们移动的动作很轻，比海水拍打码头桩子的声音还要小。它们冲了过来，像箭矢一样飞快地穿过汹涌的潮水，追寻着水域中那闪闪发光的尾流。

在寒冷的晨光下，枪乌贼发起了攻击。第一条枪乌贼如活生生的子弹一般冲进了鲭鱼群，向右倾斜一转，准确无误地朝着一条鲭鱼的脑后发起一击，刹那之间，这条鲭鱼就被刺死了，时间短得它根本来不及看清敌人，更来不及感到恐惧。枪乌贼那一击在小鲭鱼的身上留下了一个清晰的三角形伤口，深深地扎进了脊髓。

几乎就在同一时刻，其他六只枪乌贼也冲进了鲭鱼群中，但是小鲭鱼群已经被第一条枪乌贼的突袭吓得仓皇失措，朝着四面八方逃窜开来。追逐大战开始了，枪乌贼在乱哄哄的鱼群里横冲直撞；小鲭鱼则时而向前飞奔，时而侧身斜游，时而扭动身躯，时而调转方向。它们使出浑身解数，用尽各种技巧，只有这样才能避开那些在水中游速惊人、步步紧逼、触手外伸、一味攫取的枪乌贼那瓶状的身体。

在第一次疯狂的混战之后，斯科博就冲进码头的阴影之中，沿着海堤飞奔而上，躲在了生长在那里的海藻中间。许多其他的鲭鱼跟斯科博的做法一样，或者就是冲到了海湾开阔的水域中，四散开来。发现鲭鱼群已经逃散而去，枪乌贼便潜入海港的底部，在此处它们的身体颜色也发生了微妙的变化，变得和底部海沙的颜色一致了。不久之后，即使是目光最锐利的鱼儿也无法侦查出它们的踪影了。

鲭鱼开始忘却它们的恐惧之感，要么独自一个，要么三五成群游回到它们之前一直待着的码头水域，静静地等待着潮汐的变化。它们一个接一个地从枪乌贼埋伏着的地方上面游了过去，枪乌贼就那样隐身于此，一动不动，看起来就像是海水卷起的沙子所堆成的山脊。突然之间，枪乌贼从底部旋转而起，一下子就把小鲭鱼逮个正着。

通过这些小伎俩，枪乌贼攻击了小鲭鱼整整一早晨，只有那些仍然躲藏在石墙海藻中的小鲭鱼才安然无恙，躲过了这种突然致命的伏击。

在潮水积极涨满之时，成群的玉筋鱼朝着海岸奔游而去，海湾里的海水也随之汹涌澎湃。玉筋鱼后面紧跟着一小群无须鳕。这种鱼身形细长，但是肌肉发达，鱼体大约跟人的前臂长度一般，腹部银光闪闪，牙齿锋利如柳叶刀。玉筋鱼原本待在距海湾近海处两英里的浅滩中，当它们从沙子里钻出来准备捕食潮汐从远海带来的桡足类生物的时候，无须鳕就对它们发动了攻击。玉筋鱼惊慌而逃，它们并没有逆着潮水向海洋游去，在那里它们或许通过四散躲避还能有一线生机，反而它们选择顺着潮水游入海湾，进入了浅滩水域。

当玉筋鱼逃跑时，无须鳕在后面穷追猛赶，在这数千条身形细长、体长一指的鱼群中来回穿梭。斯科博正躺在水面下一英尺处，鱼鳍抖动着，突然神经紧绷，感受到了玉筋鱼拼命逃窜引起的断断续续的振动，还有无须鳕疯狂追击造成的持续轰隆声。斯科博周围的水域中，到处都是仓皇失措的身影。斯科博赶紧冲进码头的阴影下，躲进了其中一个码头桩子的海藻中间。曾几何时，斯科博很害怕玉筋鱼，可是如今，它的个头和玉筋鱼一般大，没必要再惧怕。可是水波振动得太厉害，充斥着猎杀和危险的气息，让它心生忌惮。

当玉筋鱼不断往海湾里面游的时候，它们身下的水也开始越来越稀薄，但是由于它们对无须鳕过度恐惧，以至于它们并未注意到逐渐变浅的海水所发出的警告，最终成百上千条玉筋鱼便在此处搁浅。海鸥对此早有预料，它们已经意识到波涛汹涌的水底所发生的一切，于是从水湾之外就一路跟随。当它们看到身体下方的砂石平地因为搁浅的玉筋鱼而变成一片银色之时，它们兴奋地大声尖叫着，狂喜不已。头顶乌黑的笑鸥和身披灰羽的银鸥拍打着翅膀飞了过来，落入只有它们肩深的水域之中，一边捕食玉筋鱼，一边大声尖叫威吓那些刚刚来此赴玉筋鱼宴的新手，尽管此处的玉筋鱼数量甚多，足够每一只鸟儿饱餐一顿。

当玉筋鱼在逐渐倾斜的海滩上堆积了几英寸高的时候，无须鳕还在无休无止地疯狂追击，一连十几条冲到了沙滩上，而此时潮水开始退去，它们已无路可逃。当潮水完全退去之后，沙滩上银光闪闪，玉筋鱼的尸体绵延了半英里，其间还散落着一些体型比它们更大一些的猎食者——无须鳕。枪乌贼被眼前的大屠杀所吸引，也游入了浅滩水域之中，它们中的许多因为只顾着咬食那些可怜的玉筋鱼而忘乎所以，最终在此处搁浅了。现在海鸥和鱼鸦从方圆数英里外齐聚于此，同螃蟹、沙蚤一起，共享这场饕餮鱼宴。那天晚上，海风和潮水互相合作，一起把沙滩清理得干干净净。

第二天清晨，一只身披黑、白、红三种颜色羽翼的小鸟落在了海港水湾处的一块岩石上面。它就那样坐着，又是打盹，又是做梦，整整四分之一的涨潮时间内一直如此，后来它慢慢起身，啄食了一些附在岩石上的黑色小蜗牛。这只鸟儿从远方而来，一路沿着海岸往北方飞去，但是一路上强劲的西风威胁着要把它刮入海洋之中，于是它与西风不断较量，累得精疲力尽。这是一只红色的翻石鹬，是最早进行秋季迁徙的鸟类中的一员。

现在，正值七月和八月的交接之际，温暖的空气乘着西风邂逅了凉爽的海风，海港便笼罩在一片湿漉漉的浓雾之中，朦朦胧胧。

从距海岸一英里的地方，一枚雾角那尖锐刺耳的声音穿透浓雾传了过来，不分昼夜，这声音响彻了所有的礁石与浅滩。七天以来，海港里面的鱼儿都不曾感受到渔船引擎传入海水中的震动声，因为浓雾之下的海洋上一片寂寥，只有能够在迷雾中识别方向的海鸥，以及那被渔船储饵间内鱼饵的香味引诱至此，栖息于码头桩子上的鹭还在移动。

后来，浓雾散去，蔚蓝的天空，湛蓝的海水，接踵而至，持续了好几天。在这段日子里，成群的滨鸟急匆匆地飞过海港，如同阵阵秋风扫过落叶一般，它们这仿若落叶飘零般的离去也预示着夏日的终结。

但是，如果秋日的信号提早传达给了海岸和沼泽里的生物，那么海湾水世界里的秋季就会降临得稍微晚一些。直到西南风袭来，秋天也就来了。到了八月底，一股吹向海岸的风从天空中刮来了一场大雨，那时的天空一片黯淡，比镀了铅似的海港水面还要灰暗。这场西南风引起的暴风雨整整持续了两天两夜，瓢泼大雨从天空中倾泻而下，密密麻麻的雨滴吧嗒吧嗒不断地刺穿海面。无论潮起潮落，大雨滂沱而下，无所顾忌地击打着海面，以至于潮水起落也没有在海面涌起滚滚浪花。涨潮之时，潮水涌上了海堤的顶端，淹没了许多渔船，使其沉入海底，吸引着各类鱼儿好奇地对着这个奇形怪状的东西打探嗅闻。所有鱼类都沉入较深的海域之中。燕鸥在海港水湾的岩石上面蜷缩成一团，浑身湿透，郁郁寡欢，因为大雨倾盆，海面上浑浊一片，它们根本看不清楚水中的鱼儿。和燕鸥不同的是，海鸥却大快朵颐了一顿，因为暴风骤雨和海潮把许多食物都带入了海港中，这些受伤的海洋动物和其他残骸都是它们的美味佳肴。

暴风雨的第一天，海湾里面出现了许多海藻，它们长着锯齿状的狭长叶子，还有着一串串浆果似的气囊。次日，海水中又漂浮着大量的马尾藻，这是海风裹挟着墨西哥湾暖流带过来的。在海藻的叶片中间还夹杂着一些颜色鲜艳的小鱼，这些鱼儿被墨西哥湾暖流从远方带到此处，开始了自己作为幼鱼在这片热带水域中的漫长之旅。在北上之旅的许多个日日夜夜里，它们都躲在马尾藻丛中寻求庇护，当海风把马尾藻从热带水域温暖的蓝色河流之中刮出来的时候，这些鱼儿也一路相随，来到了海岸的浅滩地带。它们中大部分鱼儿会一直留在那里，直至寒流骤然降临，被无法适应的酷寒夺走生命。

暴风雨过后，涨潮后的海水中涌现出大量海月水母。对这些美丽的白色水母而言，这是一段命中注定的旅程。海洋已经载着它们旅行了整整一季，海水将它们从海岸线藻类丛生的岩石和贝壳上卷了起来，在那里它们开始了自己的生命，起初它们像小小的植物一样整个冬天都紧紧地攀附在石头上。到了春天的时候，这些小生物身上长出了一个个扁平的圆盘，然后它们又快速地转变成小小的能够游泳的钟状生物，最后再转化到成年阶段。当艳阳高照、微风拂煦时，它们便会游到水面上来，聚集在两股洋流的交汇之处，排成柱状的蜿蜒长队，绵延数英里。海鸥、燕鸥以及塘鹅从天空中远远望去，这些海月水母在海面上闪烁着乳白色的光辉。

过了一段时间，海月水母孵化了自己的卵，然后它们会将幼仔安置在自己圆盘边缘下方，如同空袖子般悬垂着的身体组织的褶皱和空隙之中。或许，是产卵让它们太过虚弱了，它们的身体组织膨胀，卵囊内气体充盈，许多海月水母都身体倾覆，在夏末的海洋之中无可奈何地漂浮着。成群的小型甲壳动物饥肠辘辘，张开大嘴，趁机对这些海月水母发起攻击，于是原本就虚弱的它们变得更加羸弱不堪，有的甚至一命呜呼。

现在，西南方向刮过来的风暴剧烈地搅动着海水，海月水母也未能幸免。汹涌澎湃的海水擒住了它们，把它们匆匆推往海岸。在推搡和翻滚的过程中，许多海月水母的触手被弄断，娇弱的身体组织被撕裂。每次涨潮，潮水都会把更多的海月水母那白色的圆盘冲到海港之中，再将其抛到海岸线的岩石之上。在此处，它们那伤痕累累的身体会再度成为海洋的一部分，不过在此之前，那藏在它们触手之下的幼仔会先得到释放，游入浅滩水域之中。就这样，生命的循环才算完成。因为虽然海月水母的身体物质已经被海洋回收留做他用，但是它们的幼仔会在石头和贝壳上面安营扎寨，度过冬天。因此，到了春天，一群新的钟状的小水母就会再度游入水中，漂向远方。

10
海之航道

现在，昼夜时间相等，太阳已经穿过了天秤座，九月的月亮正值月亏之际，仿若一缕缥缈的游魂。潮水穿过水湾，涌入海港之中，拍打着岩石，泛起白色的涟漪，随后回流入海，原路返回。日复一日地，潮水将越来越多的小鱼从海港之中卷走。于是，有天晚上，涨潮之时，小鲭鱼斯科博被潮水激荡得有种奇怪的不安之感，就在那天晚上退潮之时，它便随着潮水回到了海洋之中。和它同行的，还有在海港处度过整个夏天的许多其他小鲭鱼。这一大群小鲭鱼队伍里有数百位成员，个个长得体态匀称，线条分明，身体比人的手掌还要长。如今它们告别了海港里面舒适安逸的生活，回到了远海中生活，直至走到生命的尽头，那里一直是它们的归宿。

水湾处水流甚为湍急，小鲭鱼顺从于漩涡，任凭急速奔涌的水流卷着它们一路前进，穿过海港口那块块岩石。海水甚是咸涩，清澈而又冰凉。海浪从岩石和浅滩上方冲刷而过，在薄薄的水面上激起了许许多多的气泡和水花，这也为海水中注入了大量氧气。穿过这片水域的时候，小鲭鱼们兴奋极了，飞奔游弋，它们从吻部到尾鳍的末端都激动地颤动着，准备迎接它们期待已久的新生活。在水弯处，鲭鱼群途经在潮水中列队前行的海鲈鱼那黑色的身影。这些海鲈鱼在此处徘徊，准备伺机捕食潮水从岩石上拽下来或者从海峡底部的洞穴中冲出来的小型甲壳动物和沙虫。鲭鱼群向前疾驰游走着，银光闪烁之间便越过了海鲈鱼所蛰伏的汹涌通道，它们从海鲈鱼那黑色身影旁快速离去，一股脑儿便冲入潮水之中。

在海港外面，潮水的奔涌之势更加平稳深沉，将鲭鱼群带入了更深的水域之中。此处海水漫过了逐渐变浅的岩架，从远处开阔的盆地开始，岩架就使得海床逐级升起。当潮水载着鲭鱼群流过沙质浅滩或者海藻丛生的礁石时，它们时不时就会感受到身下水流的拉扯。但是随着海底逐渐下沉，潮水漫过沙子、贝壳或岩石所发出的低语声变得越来越遥远，对于匆匆前行的鲭鱼群而言，它们能听到的大部分节奏和声音振动都是关于水流的，唯此而已。

小鲭鱼成群结队地游在一起，看起来就像是一条大鱼。鱼群之中没有领袖，但是每条小鲭鱼都能敏锐地感知到所有其他鱼儿的存在，以及它们移动的步伐。当那些处于鱼群边缘的小鲭鱼向左右转弯，抑或加快或减慢它们的步伐，鱼群里的所有成员都会做出同样的动作。

时不时地，鲭鱼群会因为路途中偶遇的渔船黑影而突然惊慌转弯，它们不止一次地在浸没潮水的渔网中手足无措，在网眼间横冲直撞，然而所幸的是它们个头太小，不会被渔网缠住。有时候，黑暗的阴影会从幽暗的水中冒出来扑向它们。曾经有一次，一只巨大的枪乌贼忽然现身，对它们穷追不舍。于是这群小鲭鱼便和这只软体动物在受惊的鲱鱼群中间追来赶去，这些小鲱鱼只有两岁大小，之前一直是枪乌贼的捕食对象。

离海港近海处三英里远的地方，鲭鱼群感到身下的海水又一次逐渐变浅了，那是因为它们游到了一个小岛附近。这个小岛是属于海鸟的。到了季节，燕鸥会在沙地上筑巢，银鸥会带着自己的幼雏去海滨李树和杨梅树丛中，以及平坦的岩石上面俯瞰海洋。一块长长的水下暗礁从小岛一直绵延至海洋，渔民们称其为“涟漪礁”。海水拍打在礁石上，碎成了朵朵白色的浪花，泛出了泡沫四溢的漩涡。当鲭鱼群经过时，几十条青鳕正在潮汐尖跳跃嬉戏，它们的身体闪烁着白色的光芒，仿若在皎皎月光下泛起的波浪似的泡沫。

当鲭鱼群已经游到距小岛及其礁石一英里远的地方时，它们遇到了一群突然出现在它们中间的鼠海豚，吓得慌乱不已。这群鼠海豚大概有五六只，它们忽然游上水面来是为了换气。鼠海豚一直在海底的一个沙质浅滩上觅食，在那里它们会从沙子中掘出藏匿于其中的玉筋鱼，将其消灭干净。鼠海豚意识到自己身处鲭鱼群中时，它们用自己狭长而又咧开的下颌向这些小鲭鱼猛咬过去，猎杀了几条。但是，当一大群小鲭鱼在海水中惊慌而逃时，这几只鼠海豚却并未上前追捕，因为它们已经狼吞虎咽地吃了太多的玉筋鱼，懒得再动弹了。

黎明时分，在海洋中漂泊数英里之后，现在它们终于第一次碰到了年长的同类。一群成年鲭鱼在海洋表面快速游弋着，所经之处荡漾起阵阵强烈的涟漪。它们用吻部划破水面，用被海水模糊了的视线热切地注视着前方，看着这个由空气和天空组成的世界。这两支鲭鱼群——年长的鲭鱼和年幼的鲭鱼——因为路线交叉，在此刻交汇在一起，双方都有些混乱迷惑，随即鱼群又分道扬镳，继续在海洋中各自前行。

海鸥们早早地就从海岸岛屿的栖息地出发，此时正在海上巡逻。它们的眼睛不会错过发生在上层水域的任何动静，随着太阳升起，海面上的水平光线开始消退，它们可以看清更远处海水深处的情况。这些海鸥看到一群小鲭鱼正在海面下一英尺的地方游弋着；而越过五六个海浪之后的东边，海鸥看到有两个黑色的鱼鳍，像镰刀的利刃一般划破水面。因为海鸥们飞得比较高，它们看到的这两个鱼鳍属于一条在水下游动的大鱼，只有长长的背鳍和尾鳍的上半截露出了水面。这是一条剑鱼，从身体的剑尖部位到尾巴有十一英尺长，它常常贴着水面懒洋洋地游弋着，或许是为了用背鳍刺破水面，测试水波的流向，以此来导航，使自己顺着风向漂游。这样一来，它就肯定会遇到成群的浮游生物，以及时常伴随其旁的猎食性鱼类，它们一般都会随着风向在表面水域漂游。

先前一直观察着剑鱼和那群小鲭鱼的海鸥，此时看到东南方向有一大股骚乱正在逐渐靠近。一大群大眼虾正乘着涨潮的洪流不断靠近，而这股洪流受到吹向陆地的海风影响，变得更加强劲。因为海鸥有时候会看到它们捕食比其更小的浮游生物，但是此时它们并没有这样做，也没有悠游自在地在海面上随波逐流。相反，它们在逃亡，逃避一个从水中冒出来张着血盆大口的可怕生物。那其实是一群鲱鱼，正在捕食大眼虾，它们动作迅猛，干净利落。这些大眼虾拼尽全力游动着，使劲儿划动着自己那如船桨般扁平的附肢，发了疯似的急速前进。随着逃亡者和追捕者之间的距离不断稳步缩小，一只大眼虾发现自己透明的身体内还残存一些力量，于是当鲱鱼在其身后张开血盆大口之际，它用尽全力纵身跃出水面，不幸的是鲱鱼还在后面穷追不舍，丝毫没有懈怠。尽管一只大眼虾可以跃入空中六七次，但是一旦它被鲱鱼盯上，便几乎不可能逃脱，注定会成为其腹中之餐。

海风和洋流带着一群浮游生物以及紧随其后的鱼群向陆地前进

着，迎面遇到了从东北方向而来的鲭鱼群，以及从西北方向而来的剑鱼。当这团流云般的浮游生物碰到鲭鱼群的时候，这些小鲭鱼开始疯狂地捕食这群大眼虾。对小鲭鱼而言，这些大眼虾比它们在海港所捕食到的任何食物都要大。然而，不一会儿，小鲭鱼们便意识到自己置身于一群鲱鱼之中，这些大个头的鱼儿横冲直撞，吓得它们惊慌失措，匆忙躲入深层海域之中。

海鸥看到那两个黑色的鱼鳍沉到了水面下，随着剑鱼渐渐游入深层水域，游到鲱鱼之下，它们的轮廓也变得越来越模糊。由于海面上波涛滚滚，浪花四溅，接下来即将发生的事情海鸥已经无法清清楚楚地看到了。但是，当它们飞得低一些，快速拍打着翅膀在水面盘旋的时候，它们可以看到一个巨大的黑影在紧密排列的鲱鱼群中旋转、猛冲、狠扑，疯狂地进行攻击。或许，它们早就意识到这场杀戮，所以才飞下来的。当那翻滚涌动、泡沫四溢的海水重归平静时，二十多条鲱鱼漂浮在水面上，背部伤痕累累，还有许多其他鲱鱼有气无力地游动着，晕头转向地身体侧倾，好像是被斜擦而过的利剑所伤。此时，这条剑鱼轻轻松松地就能将这些鱼儿吞入口中，但是许多鲱鱼的尸体都落入了海鸥之手，它们之所以飞下来就是为了在剑鱼大开杀戒之后饱餐一顿。

当这条剑鱼尽情捕杀，大饱口福之后，它便漂浮在海面上，那里的海水被阳光照射得暖洋洋的，使其昏昏欲睡。鲱鱼群则沉入深深的海域之中，而海鸥也飞到了远处的海域，伺机等待着、搜寻着可能从水下面浮上来的猎物。

在离海面五英寻下的水中，这群鲭鱼碰到了一团由数百万只小型桡脚类动物组成的深红色的队伍，那是漂浮在潮水上面的哲水蚤。小鲭鱼开始捕食这些甲壳动物，因为这些动物是它们最喜爱的食物。当潮水开始减弱，踯躅前行，直至最后微弱到无法再承载着浮游生物前进的时候，这团红色的小动物便沉入更深的海域中，鲭鱼群亦是紧随其后。仅仅下沉了几百英尺后，鲭鱼群便到了满是沙砾的海底。这应该是一座绵长的海底山丘的平坦山顶或高原，这座山蜿蜒至南面，然后与从西面绵延至此的另一座山相接，因此两座山形成了一个半圆形的山脊，一条深水沟从中间横穿而过。根据其外形，这个浅滩被渔民称为“马蹄铁”，渔民会把拖网线置于其上，来捕捉黑线鳕、鳕鱼以及单鳍鳕，有时候拖网线上面还拽着锥形网或者网板拖网。

当鲭鱼群穿过这个浅滩的时候，它们发现海底正在缓缓地向下倾斜，它们到达水沟中央的水沟边缘时，距离浅滩最高处大概有五十英尺。它们身下三百英尺的地方，有一条深沟，沟底布满了柔软、黏稠的淤泥，而不是沙砾和破碎的贝壳。很多被称为无须鳕的鱼类便生活在这个深沟之中，它们会贴着沟底游动，在淤泥中拖着自己细长而又敏感的鱼鳍，在黑暗中觅食。出于对深水域本能的惧怕，鲭鱼群调转方向，沿着浅滩的斜坡向上游去。它们就这样贴着海底移动着，因为对它们这群生活在表层水域的小鱼来说，这里是个新鲜而又陌生的世界。

当鲭鱼群从浅滩上方游过的时候，沙子里面有许多双眼睛都在向上注视着它们的一举一动，注视着从自己头顶上方经过的所有生物。这些眼睛是比目鱼的，它们将自己扁平的灰色身体埋在薄薄的一层沙子下面，这样它们就可以很好地隐藏起来，既能躲避可以吃掉它们的大型捕食性鱼类，也能轻松猎食在海底窜来窜去的虾和螃蟹。比目鱼的嘴巴里长着锋利的牙齿，嘴张开时宽度可达双眼之间的距离，这使得它们被列为间歇性的鱼类捕食者。但是小鲭鱼太活跃了，而且动作敏捷，比目鱼不得不卸下伪装，从藏匿处冒出来进行追捕。

当小鲸鱼从浅滩上方游过时，常常会有一条背鳍又高又尖、体型壮硕的大鱼在水中突然出现，慢慢逼近，令小鲭鱼惊慌失措。那是一条黑线鳕游弋而过的身影，随即它又再次匿身于幽暗水域之中。“马蹄铁”上的黑线鳕数量众多，因为此处有着丰富的贝类动物、浑身带刺的生物以及管栖蠕虫，这些都是黑线鳕爱吃的食物。鲭鱼群好多次碰到一小群黑线鳕，大概有十几条或者更多一些，它们就像猪一样在海底拱着沙子，搜寻食物。它们正在试着掘出穴居蠕虫，这些蠕虫的隧道都深埋在松软的沙子中。随着黑线鳕用吻部翻挖，它们肩上的黑斑，或者称之为“恶魔之痕”，以及那黑色的侧线在昏暗的光线下显得格外突出。黑线鳕继续在沙子中挖掘着，并未留意到一群小鲭鱼惊慌失措地甩着尾巴，从它们旁边奔逃而过。实际上，这是因为在海底生物充裕的时候，它们鲜少会捕食鱼类。

有一次，一个形如蝙蝠、身长九英尺的大型生物从沙子里面冒出来，摆动着自己清瘦的身体，贴着海底游过。它就这样现身，看着甚是邪恶危险，吓得小鲭鱼群匆匆忙忙向上游了好几英寻，直到下方的海水如屏障一般遮住了这只魟鱼的身影。

在陡峭的岩壁前，鲭鱼群遇到了在水中摇晃的奇怪物体。潮水在浅滩上汹涌前进，这个物体随着潮水的移动而摇摆，但是它却没有自己的动作，尽管它在水中散发出来的味道像鱼类一样。斯科博用鼻子嗅了嗅被固定在一个大钢钩上面的鲱鱼片，它刚刚一靠近，几条小小的正在啃食这个诱饵的杜父鱼就被吓跑了，这个诱饵对它们这种小型的杜父鱼来说个儿太大了，无法一口吞食。鱼钩之上有一根黑色的细线，细线连接着一条更长的鱼线，这根长线在浅滩上的水域中水平延伸了一英里。当斯科博和自己的同伴在浅滩高处漫游的时候，它们见到过许多这种挂着诱饵的鱼钩，这些鱼钩由短线绑在拖网主线上。有些鱼钩上面，勾住了像黑线鳕一样的大鱼，它们顺着自己吞入腹中的钩子慢慢翻转、扭动着身躯。其中一个鱼钩勾住了一条大型的单鳍鳕，它体力旺盛、身形壮硕，足有三英尺长。这条单鳍鳕本生活在浅滩中，是自己同类中的独行者，它大部分时间都藏身于海岸外缘倾斜岩石上的海藻丛中。鲱鱼诱饵的气味把它从藏匿处引了出来，随即它便咬上鱼钩。在挣扎过程中，这条单鳍鳕将自己强壮的身体绕着鱼线转了好几圈。

当小鲭鱼逃离这奇怪的景象时，这条单鳍鳕被缓缓地往水面上拉，朝着水面上一个昏暗的阴影前进，那影子看起来就像是一条怪物般的鱼。渔民们正在处理他们的拖网，划着渔船从一个网线移动到另一个网线。如果发现鱼钩上有鱼，他们便会用一根短棒一敲，将鱼卸下来，将能卖的鱼扔到渔船底部，将其他鱼重新扔回海洋之中。此时，离涨潮开始已经一个小时了，虽然渔网在海水中只停留了两个小时，但是渔民们必须把它们收上来了。因为“马蹄铁”处的水流甚为强劲，而用曳绳钓的方式只能在潮水平缓的时候才可布网捕鱼。

现在，鲭鱼群来到了浅滩临海的边缘地带，那里的岩壁甚是陡峭，像高耸的悬崖峭壁一般直直地插入水下约五百英尺深的海床。这片浅滩的外缘部分都是坚硬的岩石，这样它才能够经受得住来自远海的海水的冲击力。斯科博游过浅滩的边缘地带，在深蓝色的海水上方穿行，它发现在峭壁顶端下大约二十英尺的地方有一块狭长的暗礁。在暗礁上的裂缝和岩层上生长着棕色皮革质的海藻昆布，它那如同丝带一般的海藻叶子在水中轻舞摇曳，延伸了二十英尺，甚至更远一些，漂入从岩壁倾泻而出的更为强劲的水流之中。斯科博用鼻子探了探摇曳着的平滑的海藻叶片，无意间惊动了在岩架上休憩的龙虾，它就藏在海藻丛中，过往的游鱼都难以发现它的身影。这只龙虾的腹部携带着数千枚卵，这些卵就依附在其泳足的细毛之中。它们直到明年春季才会孵化，与此同时，这只龙虾则一直身处重重危险之中，要随时提防一些饥肠辘辘又好奇心十足的鳗鱼或者青鲈，以免被其发现，夺走虾卵。

沿着暗礁移动的时候，斯科博忽然遇到了一条体长六英尺的岩鳕，这条两百镑重的岩鳕可谓是同类中的怪兽了，它一直生活在暗礁上的岩藻丛中。这条岩鳕之所以能够活这么久，长这么大，都是因为它足够狡猾机敏。多年前，它在海底深坑上发现了这块暗礁，它本能的知道此处乃绝佳的狩猎之所，于是它便将其据为己有，凶狠地赶走了其他的鳕鱼。它大部分时间都躺在暗礁上，正午一过，此处便笼罩在深紫色的阴影之中。有鱼类游过岩壁时，岩鳕便会从这个藏身之处突然冲出来，一下子将其擒住。许多鱼类都命丧岩鳕之口，其中包括青鲈、钩耳杜父鱼、鱼鳍参差不齐的美绒杜父鱼、比目鱼、鲂鮄、鳚鱼以及鳐鱼。

看到小鲭鱼后，岩鳕便从半沉睡的状态中苏醒过来，自从上一次进食后它便一直懒洋洋地躺在此处，这条小鲭鱼则勾起了它的食欲。它摇摆着沉重的身体从暗礁上游出来，直直地爬上浅滩。斯科博在它到来之前就逃开了。斯科博的同伴们一直待在峭壁旁的上升水流中，斯科博重归队伍后，整个鲭鱼群瞬间便处于戒备状态。当岩鳕那黑色的身影从岩壁的边缘突然出现的时候，鲭鱼群已经从浅滩上逃之夭夭。

岩鳕在“马蹄铁”四周到处游荡着。生活在海底或者在海底附近游动的所有小生物，无论有壳还是没壳，都是岩鳕的美味佳肴。它会吓唬躺在沙子上的比目鱼，惊得它们在自己面前四处逃窜；它会摇摆着身体，在水中疾速游走，捕捉小型黑线鳕；它还会捕食自己的同类幼鱼，那些幼鱼才刚刚结束在水面上的生活，正要沉入海底像真正的鳕鱼那样生活。岩鳕吞下了十几只大型海蛤，将它们一口咽下。待蛤肉被消化吸收后，它便会将蛤壳吐出来。虽然它常常会将多达十几枚大蛤壳屯在胃里，连续好几天，就那样整整齐齐地在胃里堆叠着。当它找不到更多的海蛤时，它会跑到一块平坦的暗礁上觅食，那里覆盖着一层浓密的、海绵似的角叉菜，它会在角叉菜卷曲的叶子里搜寻深藏其中的螃蟹。

在“马蹄铁”对面一英里外的地方，鲭鱼群觉察到水中出现了一阵奇怪的骚动。这阵骚动是它们之前从未经历过的，无论是它们生活在海港中时，还是它们生命早期随着其他浮游生物漂浮在海面上的时候，尽管那时的生活此时只剩下模糊的记忆，但都未曾有过这种感受。一阵厚重而又沉闷的振动沿着小鲭鱼食管的侧线一直传递到它们敏感的胁腹。这种感觉，既不是海水拍击岩礁的振动声，亦不是潮水卷起巨浪的轰鸣声，不过，这或许已经是这群小鲭鱼所经历的感受中与之最为接近的声音了。

这阵骚动越来越剧烈，此刻一群小鳕鱼匆匆而过，稳稳地朝着浅滩的近海边缘游过去。其他鱼类也开始在水中穿梭游走，先是一条接着一条游过去，然后是成群结队地蜂拥而行，鱼群中有形似蝙蝠的大型魟鱼、黑线鳕、鳕鱼、比目鱼，以及小的圣日比目鱼。它们全都在朝着峭壁的边缘游走，以此躲避那股振动。而那振动却不断加强，直至整个海域都充斥着那绵绵不绝的震颤。

一种黑乎乎的巨型物体在水中若隐若现，如同一条张着血盆大口的硕大无比的水怪。之前鲭鱼群一直对这股怪异的振动和匆匆而行的鱼群感到困惑和迟疑，但一看到这个锥形的渔网后，它们突然团结一致，齐心协力地向前游去，旋转向上，朝着那越来越清澈澄净的水域前进，将浅滩那个幽暗、怪异的世界远远地抛在身后，重新返回了属于它们自己的表层水域。

至于浅滩中的鱼类，它们可没有指引自己朝着阳光灿烂的水域逃生的这种本能。拖网已经横扫了整个“马蹄铁”地带，收网后，又大又深的网兜里舀满了数千磅的食用鱼，以及无数筐海星、对虾、螃蟹、蛤蜊、鸟蛤、海参和白色的管栖蠕虫。

那条生活在峭壁边缘暗礁附近的老岩鳕恰好游到了拖网前面。这已经不是这条怪鱼见到过的第一个拖网了，连第一百个也算不上。在岩鳕身后，那个用来延展渔网网口的铁门也关上了，其后紧紧地拽着在水中倾斜延伸着的长长的拖曳缆绳。拖曳缆绳拽着拖网一点一点向上，朝着那距离渔网有一千英尺远的渔船前进。

此时，这条岩鳕正贴着海底轻松而又缓慢地游走着，它看到眼前的海水正在悄然变化。海水的颜色逐渐加深，变得和深水域的海水颜色一样。岩鳕居住在暗礁附近，那个地方位于海底那深沟之上。因此，当它一靠近那里，就习惯性辨识出了自己的住所。网板拖网的铁门把它的尾鳍刮伤了，但是它还是调动起体内肌肉中所潜藏着的巨大力量，突然加速前行，从那片碧蓝的海域中冲过去，准确无误地落在二十英尺以下自己所居住的暗礁上。

就在岩鳕穿过昆布那在水中摇曳着的棕色叶丛，感觉到了身下暗礁那平滑的岩石之后，转瞬之间，拖网便从峭壁边缘落下来，首尾相连，摇摇晃晃地落入下方的深海水域之中。

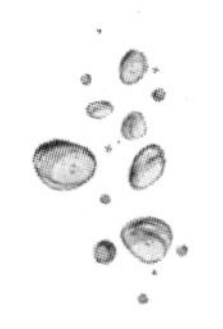

11 海之小阳春

秋日海洋的灵魂在三趾鸥的叫声之中。到了十月中旬，它们便会成群结队地迁徙至此。数千只三趾鸥在海面上盘旋着，弓着翅膀向下俯冲，捕食在碧绿的海水中游窜的小鱼。三趾鸥从位于北极海岸峭壁以及格陵兰岛浮冰上的筑巢地出发，一路南行，与它们一路相伴的还有掠过灰色海洋的冬日的第一缕寒意。

除此之外，还有其他迹象表明秋天已经降临海洋了。每天迁徙而来的海鸟队伍都在不断壮大，而之前在九月的时候，从格陵兰岛、拉布拉多、基瓦丁市以及巴芬岛而来的海鸟在沿岸水域上空只有稀稀拉拉的队伍。如今鸟儿们都急急忙忙地回归海洋的怀抱，包括塘鹅、暴风鹱、猎鸥、贼鸥、海鸠以及瓣蹼鹬。这些鸟儿的队伍遍布大陆架的水域上空，水下成群的表层鱼类在四处游弋，还有浮游生物群在海水中觅食。

塘鹅以鱼类为食，当它们在海上搜寻猎物的时候，会用自己的身体在天空中画出白色的十字形图案。一旦看到猎物，它们便会从一百英尺的高空猛扎下来，虽然沉重的身体在刺破水面时产生了巨大的冲击力，但是它们皮肤下面的气囊却像个软垫子一样可以有效缓解。暴风鹱会捕食小型鱼群、枪乌贼、甲壳动物、从渔船上掉落的动物内脏或者是它们能够从水面上捕捉到的任何其他食物，因为它们并不能像塘鹅那样潜入水中捕食。小海鸠和瓣蹼鹬以浮游生物为食，而猎鸥和贼鸥主要靠从其他鸟类那里盗取食物，很少自己亲自捕鱼。

直到春天来临，这些迁徙的鸟儿几乎不会再次见到陆地。此刻，它们再一次回归冬日海洋的怀抱，与其共享白昼与黑夜，感受狂风暴雨与风平浪静，共历雨雪风霜与艳阳雾霭。

九月底离开海港的那群一岁的小鲭鱼刚开始来到远海生活的时候很是胆怯，因为这里跟它们所熟悉的海港环境甚是不同，这片广阔无垠的海域令它们迷失其中。在小海湾庇护下生活的三个月里，它们将自己的活动与潮汐的节奏相协调：涨潮之时出去觅食，退潮之时开始休息。如今，小鲭鱼们来到了远海水域，表层水域的潮水的冲刷力受到日月引力的影响，威力并不亚于沿岸地带，但小鲭鱼们几乎对此毫无察觉。对它们而言，潮水早已消失于汪洋大海之中。它们在海洋中漫游前行，对于水流的运动方向和变化莫测的海水咸度都很不熟悉，它们试着寻求海港的庇护，还试着躲进渔码头的阴影里以及岩藻丛中，但这些努力都是徒劳无功的。它们必须朝着那片碧绿的海域进发，一直向前。

自从离开海港之后，斯科博和其他同龄的小鲭鱼迅速地成长了起来，因为远海海域中有着丰富的食物。现在，它们已经出生有六个月了，这些小鲭鱼已经体长八到十英尺——这种尺寸的鱼被渔民称为“大头钉”。进入远海的前几周里，这群小鲭鱼朝着东北方向稳步前行。在这片更冰冷的水域中，小鲭鱼最喜爱的食物——红色桡足类，用自己那小小的身体将数英里的海洋染成了鲜红色。随着小鲭鱼游得离海岸越来越远，十月也被太阳画上了休止符，它们发现自己常常置身于大鲭鱼群中，这些大鲭鱼都是过去这十几年内出生的。秋季，是鲭鱼大规模迁徙的时候。夏季的迁徙将许多鱼儿带到了圣劳伦斯湾和新斯科舍的海岸，如今这迁徙的高峰期已过；此时涨潮已经变成了退潮，而鱼儿也再一次开始向南方迁徙。

慢慢地，夏日的温暖从海水中渐渐消失了。许多小螃蟹、贻贝、藤壶、蠕虫、海星以及几十种甲壳动物也从浮游生物群中消失不见了，因为在海洋中，春季和夏季才是出生和生长的季节。只有一些最简单的生物，在海洋的小阳春里能迎来短暂而又生机勃勃的重生，以至于它们能够成百万倍地繁殖增长。其中，单细胞动物，或者原生动物就是如此。它们仿若针孔一般，但是它们却是海洋的主要发光体之一。角藻是一团角状的原生质，长着三个怪异的尖齿，它们在十月的夜海上闪闪发光，银色光点熠熠生辉。它们密密麻麻地排列在广袤无垠的海面上。海风拂过，它们便随风懒洋洋地漂荡着。夜光虫小小的球状物体内有亚微观级的光粒子，可以发出微弱的光芒，只有人的眼睛方可看到。秋季，这些单细胞生物的数量甚是庞大，每条鱼游到了原生动物最为密集的地方便如同沐浴在光域之中；拍打着礁石或浅滩的海浪四溅而开的水花仿佛流动的火焰；渔民每次划入水中的船桨也仿若黑暗中燃起的火炬。

就在这样的一个夜晚，小鲭鱼遇到了一个在水中摇曳的废弃刺网。刺网通过浮子的支撑漂浮在水面上，顺着浮标线垂直向下悬挂着，就像一张巨大的网球网。刺网的网眼很大，足够使一周岁的小鲭鱼从中溜过去，但是更大一些的鱼儿就会被网线给卡住。今夜，没有一条鱼儿敢试图穿过这个刺网，因为渔网的所有网眼中都已挂满了小小的警示灯。在漆黑一片的海域之中，发光的原生动物、水蚤以及片脚类动物紧紧地依附在湿漉漉的网线上，而海洋的律动则激起了它们身体里面无数道闪闪荧光。这似乎就像是海洋里的无数条小鱼苗一样——包括小巧如沙粒的植物，以及比沙粒还要微小的动物——它们从生至死都在这浩瀚无垠、奔流不息的海洋之中漂游，现在它们紧紧地抓着刺网的网眼，用原生质的毛发、纤毛、触须以及爪子牢牢地依附其上，似乎把这张刺网视为它们在这个动荡不安的世界中唯一实际的坚实依靠。于是，这张刺网银光闪烁，仿佛自己也有了生命一般，它的光芒照亮了黑色的海洋，一直射入底下无尽的黑暗之中。这光芒也吸引了许多小型生物从深海中游上来，聚集在刺网的网眼上，在那里它们安心休憩，在这片漆黑广阔的海域中度过一整夜。

鲭鱼群好奇地嗅探着刺网，当它们碰到渔网的时候，所有浮游生物小灯似的身体都会变得更加明亮。它们沿着渔网游了超过一英里，因为刺网是按节设置的，一个连接着另一个。其他一些鱼儿也碰到了刺网。一些鱼儿会将附着在刺网上面的小型海洋生物掳走，但是没有鱼儿被刺网卡住。

在月色皎皎的夜里，明亮的月光使浮游生物的光芒显得有些暗淡，许多鱼儿因此未能看清楚刺网，因而被卡在网眼之中。正因为知晓这一诀窍，刺网渔民才只会在月光明亮的夜晚利用刺网来捕鱼。这张刺网是两周之前就布好了的，那时正值满月初亏。几天以来，这两名渔民会乘着汽油摩托汽艇来此处料理刺网。然后，有天夜里，海面上波涛汹涌，狂风暴雨席卷了整个海域。自从那夜起，汽艇便再未来过，因为它已经在一英里之外的浅滩地带遇难，而水流则将其一根刚刚断裂的桅杆冲了回来，卡在了刺网之中。

刺网还留在那里，一夜又一夜地捕着鱼，在月色皎皎的夜里，便会有许多鱼儿被卡在渔网之中。狗鲨发现这些鱼之后，蜂拥而上，在渔网上扯出了许多大洞，将鱼儿洗劫一空。然而，随着月色渐弱，浮游生物的小灯变得更加明亮，便再也没有鱼儿落入网中了。

一天清晨，当鲭鱼群往东面游去的时候，斯科博看到自己身体的上方出现了一抹细长的阴影，那原来是一根被水流冲刷过来的木头。斯科博还看到在这抹阴影的边缘，徘徊着若干条小鱼，它们的银鳞在水中闪闪发光，于是斯科博便上前一探究竟。这根木头原本是一艘运送木材的货船上的货物，货船从新斯科舍出发，一路南行，但是在途经科德角海岸时遭遇了强劲的东北风。货船被刮到了浅滩上，所有船员皆遇难，大部分木材都被受海风驱使的水流冲到了岸上。随着强风减弱，一些木材被吹离海岸，陷入了绕着渔场顺时针旋转的巨大洋流之中。这漂浮着的木头是远海所能给予的唯一的庇护之所，因此斯科博也加入了这群小鱼的行列，暂时对鲭鱼群的移动不予理会。此时它回忆起了自己的生命初期，那时渔码头和停泊在海港的渔船所投下的影子对自己而言便是安全之所，保护着它免遭海鸥、枪乌贼以及四处攫食的大型鱼类的攻击。

在斯科博加入木头下的鱼群后不久，五六只迁徙的燕鸥也落在了木头上面。因为木头上面长满了海藻，所以很湿滑，燕鸥在木头上面寻找落脚之处的时候，着急地拍打着翅膀，纤长的脚趾勉强才能站立。 自从燕鸥昨天从遥远的北方海滩离开后，这是它们第一次停下来休息。虽然燕鸥依靠从海洋中捕食为生，但是它们并非真正地属于海洋，因此它们惧怕在水面上降落。对它们而言，海洋是一种奇怪的东西，虽然它们潜水捕鱼时常常必须与海洋进行短暂而又可怕的接触，但是它们却从不愿意将自己那娇弱的身体栖息于海洋之上。

滔滔前行的波浪在木头的前端快速滑落，轻轻地将木头举起，向天空靠近，然后又迅速向前，让木头滑入波浪中间的空隙之中。当这根木头在海洋之中摇摇晃晃、翻滚前行的时候，有七条小鱼则跟在它下面，而燕鸥则如同水手乘坐着木筏一样站在它上面。燕鸥们就这样在海洋中休息着，它们满足于让木头载着它们自由前行，一边移动一边还用嘴梳理着自己的羽毛。它们把翅膀高高地伸到头顶，舒展开来，放松着疲惫不已的肌肉。不一会儿，有几只燕鸥就已经睡着了。

一小群威尔逊海燕飞到了木头附近的水域，它们急速拍打着双足振动着翅膀，文雅地在水面上方飞翔。它们的叫声轻若云烟，一遍又一遍地低语呢喃着自己的名字："噼车儿——噼车儿"这群海燕飞下来是为了看清楚那群正在蚕食一条漂浮着的枪乌贼尸体的密密麻麻的小型甲壳动物。海燕刚刚聚集于此，一只巨大的剪水鹱便从天而降，它原本在半英里之外的天际巡飞，此时则尖叫着冲入这群小鸟之中。它激动的叫声引来了许多同类，匆匆忙忙赶来此处。尽管前一刻，整个海洋和天空之中没有一只鸟儿的踪迹。这些剪水鹱俯冲而下，猛地扎进水中，胸脯撞击着水面，不停地拍打着翅膀。它们贪婪地搜寻着那原本吸引了一群小鸟的食物，冲散了海燕的队伍。第一只剪水鹱早已经抓住了枪乌贼，厉声尖叫着、反抗着前来分食的同伴。虽然这条枪乌贼太大了不可能整条吞咽下去，但是这只剪水鹱还是挣扎着一口吞食，因为它害怕这个理由会使它瞬间松开爪子，让同伴有机可乘。

突然，一阵刺耳的鸣叫声从风中传来。一只深棕色的鸟儿从这群剪水鹱的上方掠过。这只贼鸥从霸占着枪乌贼的那只剪水鹱上空盘旋而过，冲入风中，然后绕圈返回，落在了那只剪水鹱的身上。剪水鹱在空中和水面上拼命俯冲，剧烈扭动着自己的翅膀，试图将贼鸥从自己身上甩下去并吞咽枪乌贼。忽然，一大块枪乌贼肉掉了出来，在肉坠入水面之前，贼鸥就将其叼住了。吃完战利品之后，这只贼鸥便越过水面远走高飞，而所有的剪水鹱只能四处乱转，既愤怒又沮丧。

到了傍晚，一层厚厚的薄雾笼罩在海面上，像一条毯子一样在剪水鹱一般的飞巡高度处舒展开来。表层水域的颜色由金绿色逐渐变浅，成了灰白色，不带一丝暖意，不见一抹色彩。由于没有阳光的照射，海洋深处水域里的小型动物一如既往地游到了水面上来，随着这些海洋小鱼苗一起而来的还有枪乌贼以及其他以它们为食的鱼儿。

浓雾预示着一个星期的恶劣天气。在这段时间，鲭鱼群会去远离海面的水域生活，躲避海洋的滔天巨浪。尽管它们比平时游得要深一些，但是它们仍然处在海洋的上层水域，因为它们正途经大陆架旁边的一个凹陷出来的深邃盆地。到了这周末尾时，鲭鱼群游到了盆地的外缘，那里有一连串的海底山脉，横亘在海岸水域和深不可测的大西洋之间。

秋季的风暴渐渐停息，太阳又一次洒出万丈光芒，鲭鱼群从幽暗的海域中游出来，再一次回到表层水域觅食。于是，它们越过了海底山脉上一个高高隆起的地方。海浪从这个地方冲过去，波涛滚滚，浪涌翻腾，虽然鲭鱼队伍并未因此被打散，但是这汹涌的海浪还是令鲭鱼们感到不适，于是它们便转头，向下游去，寻找更加深沉安静的水域。

这群一周岁的小鲭鱼沿着黑暗的悬崖前行，那里有一个很久之前就已经形成的深邃的峡谷。在海底峡谷两侧的崖壁之间，碧绿的海水倾泻而过。阳光透过澄澈的海水照耀下来，使整个崖壁的西面陷入一抹深蓝色的阴影之中。阳光恣意照耀着四处，照亮了倾斜岩脊上一簇簇鲜绿色的海藻，也照亮了嶙峋的岩石尖下方的幽暗雾霭，为其洒上一抹亮丽的光彩。

在悬崖的一块岩脊上生活着一条康吉鳗。这块岩脊与礁石上一条深深的裂缝相连接，当康吉鳗偶尔被某些敌人攻击得太厉害时便会躲到裂缝里面去。有时候，在峡谷中漫游的大青鲨会忽然转向山脊，向这条粗壮的康吉鳗展开进攻；有时候，一只鼠海豚会沿着岩壁四处游走，在岩脊周围全面扫荡，探入悬崖洞穴中搜寻猎物。但是这些敌人中没有一个能够抓住这条康吉鳗。

当鲭鱼群靠近岩脊附近时，这条康吉鳗的小眼睛看到鲭鱼闪闪发光的身体。它急忙用自己肌肉发达的尾巴紧紧抓住洞穴内壁，将自己粗壮的身体缩了回去。当鲭鱼群游到与洞穴并排的地方时，斯科博忽然转弯朝着悬崖的岩壁前进。因为在一块狭长的岩脊上，一小群片脚类动物正围着一块食物游荡，而斯科博则打算上前一探究竟。刹那之间，康吉鳗松开对岩壁的抓附，舒展身体，以轻盈的姿态冲入开阔的水域之中。鲭鱼群被这突如其来的鬼魅般的身影吓得惊慌失措，于是加快游速，四散而逃。但是斯科博专注于那群片脚类动物，直到那条康吉鳗几乎扑到自己身上的时候才有所察觉。

沿着悬崖边，有两条鱼竞逐而下——一条是身体细长如锥状的鲭鱼，在阳光下闪耀着斑斓光彩；另一条是体长如成人身高的康吉鳗，粗壮的身体仿若毫无生气的消防水管。顺着悬崖这一路，康吉鳗所经之处，所有小型动物都匆忙躲回浓密的海藻丛中，或是钻回岩石里的洞穴中，因为它们都觉察到了自己的天敌。斯科博引导着这场追逐，沿着岩壁忽上忽下，在凸起的岩石缝隙间快速穿梭。最后，它在一块海藻丛生的岩脊上停了下来。斯科博的举动惊动了两条青鲈，它们原本躺在岩脊边缘一处阳光明媚的水域中，鱼鳍微颤，而此时它们却被吓得惊慌而逃，躲到了海藻丛中藏身。

斯科博一动不动地躺着，它的鳃盖快速地移动着。然后，沿着岩壁流淌的水流带来了康吉鳗的气味，这条大鳗鱼在悬崖周围四处搜寻，窥察着所有可能藏匿着小鱼的缝隙。天敌的气味使斯科博再次转身游入开阔的水域之中，向着表层水域攀升而去。康吉鳗瞥见了斯科博逃窜留下的闪闪发光的痕迹，于是它转身加快速度，全力追击，但是它早已落后斯科博大概二十英尺了。康吉鳗是一种岩脊生物，喜欢幽暗的海底洞穴，所以通常会避免游到开阔的水域。它犹豫了一下，便放慢了速度。这时，它那深陷的小眼睛看到一群灰色的鱼儿朝着自己游了过来。出于本能，康吉鳗迅速掉头，准备冲回自己的岩石缝隙中寻求庇护，虽然此时它距离那里还比较远。这群狗鲨在康吉鳗后面步步紧逼。这些小鲨鱼总是饥肠辘辘，随时准备品尝血液的滋味，它们对康吉鳗突然发起进攻，一眨眼的工夫就把它那粗壮的身体撕成了上百个碎片。

连续两天，这群狗鲨在这片水域蜂拥游走，捕食着鲭鱼、鲱鱼、青鳕、油鲱、鳕鱼、黑线鳕以及它们中途遇到的其他所有鱼类。第二天，斯科博所属的那群鲭鱼被骚扰得忍无可忍，于是向遥远的西南方进发，越过了许多海底山丘和峡谷，将狗鲨肆虐的那片水域远远地抛在身后。

那天晚上，鲭鱼群游过了充斥着移动光点的一片水域。这些光点是体长一英寸的虾身体上长着的发光斑点。每只虾的眼睛下面都有一对发光器，同时节节相连的腹部或者尾巴两侧也会有两排发光器。虾在游动的时候会屈伸尾巴，照亮自己身体前方以及下方水域中的障碍物，这样或许也能更好地看清楚小型桡足类动物、裂足虾、游动着的蜗牛以及它们所要捕食的单细胞动植物。大部分的虾都会用它们的上肢，或者说是前肢来捕食，这长满硬毛的附肢紧紧地抓住那团它们早已捕获的缠结在一起的猎物。这些猎物是之前它们通过摆动尾巴产生水流而擒住的。跟随着虾身上四处闪耀的光点，鲭鱼很容易就能追踪到它们的踪迹，手到擒来，大快朵颐一番。

黎明时分，在第一缕阳光淡化了海水的黯淡之时，那些小海灯似的光点便消失不见了。鲭鱼群朝着日出方向往上游去时，它们发现自己置身于一片充斥着大量翼足类动物的水域之中，这种动物又称翼蜗牛。只要晨光平行地照耀在水面上，这群翼足类动物便仿佛一团朦胧的蓝云，使鲭鱼的视线变得模糊。但是，当太阳在天空中照耀了一个小时后，阳光开始倾斜地射入海水之中，水中便充满了令人目眩神迷的亮点和光彩，因为这些翼足类动物的身体透明精致，仿若上乘的玻璃。

那天早上，鲭鱼群游了数英里，穿过了成群的翼足类动物，途中它们时常碰到长着血盆大口捕食成群软体动物的鲸鱼。鲭鱼并非鲸鱼的捕食对象，但是它们也急忙逃离了鲸鱼那巨大的黑色身躯。而翼蜗牛被鲸鱼数以百万计地吞入腹中，它们却对捕食自己的怪物一无所知。它们永远在忙着寻找食物，平静地在海洋中游走觅食，直到自己置身巨颚之中。海水顺着鲸须倾泻而出的时候，它们才后知后觉，意识到了这个可怕的猎人。

从成群的翼足类动物中间游过去的时候，斯科博瞥见了一道光，那是一条巨大的鱼从自己下方的水域中移动时所产生的，它也感觉到了这条大鱼尾流所造成的海水位移，波涛滚滚。但是，这条大鱼来无影去无踪，很快便从视线中消失了，斯科博的眼中又一次只剩下正在捕食的鲭鱼群以及娇小而又透明如玻璃的翼蜗牛了。然后，斯科博突然感觉到身体下方几英寻的水域中有一股巨大的骚动，同时它也觉察到鲭鱼群正从队伍底部的某处向上奔游。原来十几条大型金枪鱼袭击了正在捕食的鲭鱼群，它们先游到了小鱼的下方，然后再迫使它们浮出水面。

当金枪鱼冲进四处乱窜的鲭鱼群时，恐慌和混乱蔓延开来。无论前后左右，它们都无路可逃。下方也是无处可退，因为金枪鱼就在下面。跟随着自己的大多数同伴，斯科博不断地向上游去。它们上方的水域越稀薄，海水的颜色就越浅淡。斯科博能够感觉到自己身后的一条大鱼向上游动时所产生的剧烈的水波振动，这比一条小鲭鱼的游速要快得多。它感觉到这条五百磅的金枪鱼从它的胁腹擦身而过，那是因为金枪鱼正在捕捉游走在它旁边的鲭鱼。然后，到了表层水域后，金枪鱼还在步步紧追。于是，斯科博纵身跃入空中，然后落回水中，就这样一次又一次地重复跃起。跃入空中的时候，会有鸟儿用喙啄咬它，因为水花四溅是金枪鱼捕食的标志，引得海鸥们纷纷赶来此处。于是，海鸟低沉沙哑的鸣叫声、飞溅而起的水花声以及鲭鱼群坠落入海的碰撞声全都交织在了一起。

此时，斯科博跳得越来越低，也越来越费劲，坠落回水面的时候，它已经是精疲力尽。已经有两次它差一点就葬身于金枪鱼的大嘴之中，有好多次它都目睹自己的同伴被这条疯狂进攻的金枪鱼所捕食。

鲭鱼和金枪鱼都未曾注意到，一个又高又黑的鱼鳍正从东部水域渐渐移动过来。距第一个鱼鳍东南方一百码的地方，另外两个如利刃般的鱼鳍也出现在视野中，每个鱼鳍都有一人高，迅速地掠过海面而来。三条虎鲸（又称杀人鲸）受到血腥味的蛊惑，正在步步逼近。

然后，有那么一瞬，斯科博发现水里面出现了甚至更加可怕的身影，当那二十英尺长的鲸鱼如同饿狼般袭击了最大的金枪鱼时，斯科博慌乱不堪，迅猛摆动着身躯。它逃离了那个地方，那里金枪鱼正在不断地猛冲翻滚，试图躲过敌人的追击，但是这一切都是徒劳无功的。忽然之间，斯科博发现自己所处的水域，不再有搜寻自己的金枪鱼，也没有匆匆逃走的小鲭鱼，因为除了那条被攻击的大鱼之外，所有的金枪鱼一看到虎鲸都已经飞快逃跑了。随着斯科博向下游到更深的水域中，海洋再一次重归平静，碧绿如初。此刻，斯科博再一次回到了正在捕食的鲭鱼群中，它也看到了围绕在自己身边的翼蜗牛那水晶般透明的身体。

12
网之围起

那天晚上，海洋因为磷光而光彩熠熠，仿若焰火。许多鱼类都游到海面附近觅食。十一月的寒意驱使鱼儿加快游行的速度，当它们成群结队地从水面上穿梭而过时，惊扰了数百万发光的浮游生物，使得它们散发出耀眼的光辉。于是，这个无月之夜的黑暗被四处分布的闪烁光斑分割得支离破碎，这些光斑时而闪耀，光彩熠熠；时而黯淡，消失不见。

斯科博与其他五十多个周岁的小鲭鱼一同向前漫游，它看到前方银光点点的黑暗中出现了一股漫散的强光，那是一大群大型鲭鱼正在捕食虾时所产生的，而那虾正在追逐桡足类动物。数千条鲭鱼随着潮水慢慢地漂游着。被鲭鱼所覆盖的整个区域荧光闪闪，朦朦胧胧，因为鲭鱼每移动一下，都会碰到充斥水中的大量发光动物。

周岁大的小鲭鱼渐渐靠近大鲭鱼，很快它们便融合在一起。这个鲭鱼群是斯科博迄今为止遇到的最大的鱼群。它的周围全部都是鱼，上方的水域里游着一层又一层的鱼，下方的水域里也游着一层又一层的鱼；无论它身体的前后左右，都密密麻麻地布满了鱼。

通常来说，这些“大头钉”大小的鲭鱼，即当年出生、体长八到十英寸的鲭鱼应该单独成群游行，小鲭鱼和大鲭鱼队伍是根据游速划分的，因为小鲭鱼的游速较为缓慢一些。但是现在，即使是更大一些的鲭鱼——六到八岁的健壮鲭鱼——都与它们正在捕食的那一大片杂乱延伸的浮游生物云团的行进速度不相上下，因此“大头钉”们很容易就能跟上它们的步伐，于是大鲭鱼和小鲭鱼不分彼此，组成了统一的鱼群。

许多鱼儿在水中四处游走，大鲭鱼在黑暗中猛冲、旋转、转向，它们的身体闪烁着借来的点点光彩，这眼前的一切让一周岁的小鲭鱼觉得既紧张又兴奋。但是，鲭鱼群正在全神贯注地觅食，无论是大鲭鱼还是小鲭鱼，它们一开始都没有注意到头顶上方的海域中有一道亮光一闪而过，就像是一条巨型的鱼儿从海面游过时所留下的尾流。

在海洋上休憩的鸟儿听到了一阵沉闷的振动声，打破了夜晚的寂静。其中有些鸟儿睡得比其他鸟儿要沉一些，它们只是恰好及时醒来离开水面，才免于被行进中的轮船撞到。然而，无论是暴风鹱那受到惊吓的尖叫声，还是剪水鹱那剧烈振翅的声音，都无法向水下的鱼儿传达警告的信息。

“有鲭鱼！”桅杆顶部的守望者大声喊着。

轮船发动机的振动声渐行渐远，声音小得如同心跳声一般，几乎就听不见了。十几个人靠在猎捕鲭鱼的围网渔船的栏杆上面，凝视着黑暗的海面。围网渔船没有灯光，因为灯光会把鱼儿吓跑。周围漆黑一片，这种黑暗厚实得如同天鹅绒一般，水天一色，无法辨别。

慢着！那里是不是有一道光一闪而过？是不是一种苍白的鬼魅般的光芒在左舷船首处闪烁？如果曾有这样的光芒，此时也已经再次消失，海洋又陷入了无边无尽的黑暗之中——毫无生气。但是这光芒又一次出现了，就像微风中刚刚燃起的火焰，又似捧在手中的火柴被点燃后发出耀眼的火光；它在四周的黑暗中慢慢扩散开来，仿若一团闪闪发光的无形云朵在水中穿行着。

“有鲭鱼！”船长在观察了那个光点几分钟后，也附和道，“快听！”

起初，没有什么声响，只有海水轻轻地拍打船身的声音。一只海鸟从黑暗中飞过来，又再次飞入黑暗之中。它撞到了桅杆，摔落到甲板上，惊恐地尖叫了几下后，又拍着翅膀飞走了。

于是，一切又归于寂静。

接着，传来了一阵微弱而又清晰无误的吧嗒声，仿佛海上的暴风雨一般，那是鲭鱼的声音，一大群鲭鱼正在海面上捕食的声音。

船长下令开始围网捕鱼。他自己亲自爬上桅顶指挥行动。全体船员也各就各位：十名船员进入固定在轮船右舷帆桁上的围网渔船之中，两名船员进入了被围网渔船拖着的平底小渔船之中。发动机的振动声音越来越响亮。轮船开始划着大圈移动，围绕着这片发光的海域旋转。这是为了让鱼儿安静下来，并且让它们聚拢，形成一个更小的圆圈。围网渔船绕着鱼群转了三圈，第二圈比第一圈稍微小一些，而第三圈又比第二圈稍微小一些。此时，水中的光点变得更加明亮，光斑也更加集中。

绕完第三圈之后，围网渔船船尾的一名渔民将原本摞在船底的一面一千两百英尺长的渔网的一端抛给平底小渔船上的一名渔民。围网上面空无一物，因为那天晚上还没有抓到过鱼。平底小渔船开始解缆出航，上面划桨的渔民开始划水。轮船再一次开始移动，拖着围网渔船前行。此时，随着围网渔船和平底小渔船之间的距离逐渐变大，渔网在大船旁边稳稳地滑动展开。一根由软木浮子所支撑而漂浮着的绳子在它们之间的水面上伸展开来。渔网似帘子一般从浮标线上垂直地落入一百英尺深的水中，下方则由铅锤拉扯着逐渐坠落。带着软木浮子的浮标线从拱形慢慢变成半圆形，又从半圆形摇摇晃晃变成完整的圆形，将鲭鱼集中包围在一个横跨四百英尺的空间内。

鲭鱼群很是紧张不安。那些处于鲭鱼群外围的成员都注意到了这个沉重的海水运动，仿佛海域中有大型的海洋生物在向它们靠近一样。它们感受到了那个渔网穿过海水时所产生的剧烈水流——那是海水位移时的巨大尾流。其中一些鲭鱼看到它们上方有一个正在移动的银币状的物体，呈长长的椭圆形。在它旁边还有两个更小的物体在移动，一前一后。这一番景象看起来就像是一只雌性鲸鱼，身旁两侧跟着两只小鲸鱼。出于对这个怪物的惧怕，在鲭鱼群边缘处捕食的鲭鱼纷纷向鱼群中心靠近。因此，所有位于正在捕食的巨大鲸鱼群周围的鲭鱼都迅速转身，猛地冲进鱼群中，以此来躲避那巨大的发光体，在那里怪物经过时所产生的尾流也会消失不见，因为成千上万条鲭鱼奔游时产生的微小振动足以将其淹没。

当这个海洋怪物再一次开始围着自己的猎物转圈的时候，只有一个小身影跟在其后，另外一个则漂浮在上方，就像是用鱼鳍或脚在水中拍打一样，水花四溅。此时，围网渔船沿着自己在水域中开辟出来的光焰水道前进，它的旁边是轮船所开辟出来的更宽广的闪闪发光的水道，而渔网则在围网渔船的尾流上慢慢舒展开来。渔网滑入水中时，燃起了点点光辉，似阵雨般纷纷降落，迷蒙一片。渔网如同轻摇浅曳的薄薄帘幕一般垂下来，闪烁着淡淡的光彩，因为浮游生物早就已经聚集在上面了。鱼儿都很害怕这道网墙。随着渔网的麻绳慢慢收起，起初摆动很大的弧形一点一点地围成了一个大圆，而鲭鱼群从一开始就慢慢聚拢得更加紧密起来，鱼群中的每一部分都在不断地向队伍中心缩进，试图远离渔网。

在靠近鱼群中心的某个地方，斯科博对于身边鱼儿越来越挤所带来的压力感到困惑不已，而且它们身体发出的耀眼光芒也令它头晕目眩。对斯科博来说，渔网并不存在。因为它根本没有看见缠满浮游生物的渔网网眼，吻部或胁腹也没有蹭到过渔网的麻绳。水里面充满不安的气息，仿若电流一般迅速地从一条鱼传递到另一条鱼身上。圆圈里面的鱼儿开始撞到渔网，它们迅速转身，冲回鱼群之中，恐慌因此进一步蔓延开来。

围网渔船上的渔民中，有一个只有两年的出海经历。这么短的时间还不足以让他忘记——如果他会忘记的话——那种惊奇，那种他在工作中产生的无法磨灭的好奇心——好奇海面下到底蕴藏着些什么。有时候，当他在甲板上看着刚刚捕获的鱼儿，或者在货仓中望着冰冻着的鱼儿时，他会对这些鱼儿产生无限的遐想。这些鲭鱼的眼睛之前都曾见到过什么？那是他永远也见不到的景观，永远也去不了的地方。他鲜少将自己的想法用语言表达出来，但是在他看来，这似乎很不合理。一个在海洋中生活得自得其乐的生物，曾经受到过无数个天敌无休无止的猛烈攻击，他知道这些天敌可能就在他的眼睛无法看穿的幽暗水域中穿行游走，而挺过这些危险存活下来的生物最后却命丧于捕捉鲭鱼的围网渔船的甲板上，在这个被鱼身上的废弃物以及鱼鳞弄得黏糊糊的湿滑甲板上终此一生。但是他终究只是一个渔民，几乎没有时间来细想这样的问题。

今晚，当他将围网抛入水中，渔网一边下沉，一边微光闪烁时，他想着下面有成千上万条鱼儿在四处游走。他看不见这些鱼儿，即使是在上层水域中，这些鱼儿看起来都只是在黑暗中腾跃游弋的光线——如同消失于漆黑、颠倒的天空中的烟花一样，他想着想着便有一些头晕目眩。在他的脑海中，他仿佛看到鲭鱼群冲向渔网，用自己的吻部撞击着，然后又退缩回来的样子。他想，这些一定是大鲭鱼，因为水中焰火般的光线暗示了鲭鱼的大小。这一团像融化了的金属般的磷光，慢慢地在水中聚集起来，由此他知道撞到渔网然后再惊恐后退的情况一定在圆圈的各个角落不断进行着，因为此时渔网的各个端点都已经收拢起来。围网渔船与平底小渔船交叠在一起，渔网的两端也已经合拢在一起。

他帮忙抬起了那个巨大的网锤，将这三百磅重的网锤安装在括纲之上，然后让其沿着绳索滑下去，把渔网底部的开口合上。渔民们开始拖拽着长长的括纲了。他又想到了水下的鲭鱼们，只因为它们无法看清楚从渔网底部逃脱的路径而被困其中。他想到了向下渐渐滑去的网锤，一点点向下，落入海洋中；他想到了测深索上悬挂着的大铜环，随着穿行其中的括纲被拖拽而渐渐聚拢；他还想到了底部那变得越来越小的圆圈。但是逃生的路径一定尚未完全封住。

他看得出来，鱼儿们都很紧张不安。上层水域的光线就像是数百颗彗星划过。整个光点团时而黯淡无光，时而重新燃起，光彩熠熠。这景象使他觉得像是天空中有座炼钢炉在发光一样。他似乎看到了水面下很远的地方，在那里网锤正把铜环往前推撞，松弛的绳索也进一步被收紧，而鱼儿则在水中四处乱窜——这些鱼儿仍有机会找到逃生之路。他可以想象得到，那些大鲭鱼正在发了疯似的寻找出路。这个鱼群实在是太庞大了，没有办法一次性捕捞；但是船长讨厌将鱼群打散。而这样几乎肯定会把鱼群逼到较深的水域之中。那些目前安然无恙的大鱼毫无疑问会向下潜去，穿过逐渐缩小的圆圈，直奔海底，与此同时整个鱼群会跟着它们一同前进。

他转过身去，背对着水面，用手摸了摸摆在围网渔船底部的那堆湿漉漉的绳子，试着掂量——因为他无法看见——这里所剩下的绳子数量，试着猜测在围网收起之前还有多少绳子可用。

他旁边有个人喊了他一声。他转身望向水面。网圈内的光线渐渐暗淡下来，忽隐忽现，如同灰色的落日余晖般渐渐消失，最后化作一片黑暗。看来是鱼儿潜游回深海了。

他俯身靠在船舷上缘，望着幽暗的海水，看着光亮渐渐褪去，脑海中想象着那些他实际上看不到的情景——成千上万条鲭鱼向下奔游猛冲，像漩涡一般。他忽然希望自己能够潜入一百英尺以下，到渔网的测深索上。那些闪闪发光的鱼儿全速前进，如流星般疾速闪过，这景象看起来该有多么壮观啊！过了一会儿后，当渔民们完成这个漫长而又潮湿的任务，即将把一千两百英尺长的围网重新收回堆放至渔船内时，他们发现自己一个小时的辛勤劳作白白浪费了，他也才意识到鲭鱼向下潜游到底意味着什么。

在鲭鱼们疯狂地从围网底部冲过去之后，它们便四散在海洋中，直到夜晚将尽时，这些见识过围网可怕之处的鱼儿才安静下来，再一次成群结队地一起捕食。

黎明之前，夜间在这些水域围网捕鱼的大部分渔民都已经消失在西边的黑暗之中。只有一个围网渔船留了下来，这艘船一整晚都比较倒霉，因为在六套围网中，它的船员有五次因为鱼儿从网底潜逃而一无所获。这艘孤独的轮船是当天清晨海面上唯一移动的物体，那时东方已经泛起灰白色，黑暗的水面也闪耀着银色的光芒。船员们都希望多试一次——他们期待着那些因为夜间的捕鱼行动而被驱赶至深水域的鲭鱼们在破晓时分会在水面上现身。

东方的曙光一点一点地变得明亮起来。阳光使高高的桅杆以及围网渔船的甲板室显得清晰可辨，光线恣意挥洒在随后围网渔船的船舷上缘上，消失在一堆堆因为海水的浸泡而变得黑乎乎的渔网之中。阳光照射在低低的波峰上，使得波谷陷入黑暗之中。

两只三趾鸥从昏暗中飞了出来，停歇在桅杆上，等待着渔民将鱼儿捕回来，再分拣整理。

在西南方向四分之一英里的地方，一个黑色的不规则的阴影出现在水面上——那是成群的鲭鱼在慢慢地向东方游移而去。

很快，围网渔船的行进路线改变了，与鱼群交叉前行，冲到了漂游的鱼群前面。在船员娴熟迅速地操作下，渔网很快就在鲭鱼群周围安置妥当。船员们急急忙忙地忙活着，将网锤沿着括纲压下去，拉紧绳索，合上渔网的底部。一点一点地，渔民们收紧围网松弛的绳索，把鲭鱼驱赶到渔网网身处或者渔网的中间位置，那里的网线最为密实。这时，轮船行驶到围网渔船旁边，接过渔网后，迅速地将松弛的渔网固定好。

在渔船旁边的水域中固定着围网的网兜，由三四组固定在浮标线上的软木浮子支撑漂浮着。渔网中困住了数千磅重的鲭鱼。大部分鱼儿都是大鲭鱼，但是这些鲭鱼中也有一百多条是“大头钉”或者一周岁的小鲭鱼，它们曾在新英格兰海湾附近度过夏季，近期才刚刚来到远海地带。其中一条小鲭鱼就是斯科博。

这张排水的渔网就像是麻绳拧成的木质长柄勺一样，它被安置到围网上面，渐渐沉入不断翻腾的鱼群之中，再通过滑轮将其拉起，把其中的鱼儿在甲板上倾倒一空。几十条身体柔软且肌肉发达的鲭鱼在地板上扑腾拍打着，它们身上精巧的鱼鳞在空中反射出彩虹般的迷蒙光彩。

渔网里面的鱼儿有点不对劲。它们从下面翻腾而起的方式有些问题，它们几乎跃起直奔排水网。通常被围网困住的鱼儿会试图扯着渔网往下冲去，通过潜游不断下沉。但是这些鱼儿似乎被水中的什么东西给吓坏了——某个比附近水域中巨大的船怪更加令它们惧怕的东西。

围网外部的水域中发生了一场剧烈的骚乱。一个小小的三角形鱼鳍以及一条长长的尾鳍划破了水面。忽然之间，渔网周围出现了几十个鱼鳍。一条四英尺长的鱼，身材纤细，周身灰白，嘴巴长在吻尖后面。它冲过了浮标线，闯入鲭鱼群中，不停地撕咬着。

现在狗鲨群中的所有成员都贪得无厌地疯狂撕咬着围网，急切地想要捕食渔网里面的鲭鱼。它们那如利刃般锋利的牙齿咬断了结实的网线，就好像这网线如薄纱一般脆弱，渔网上出现了很多大窟窿。有那么一刻，渔网上出现了一种难以名状的混乱，被浮标线所包围起来的空间反而变成了翻腾不息的生命漩涡——跃起的鱼儿、撕咬的利齿以及闪闪发光的绿色和银色，这一切变得甚是混乱不堪。

然后，几乎就和这个漩涡突然开始旋转起来一样，它忽然之间就消失了。随着迅速消失的混乱和迷惑，鲭鱼群从围网的窟窿中奔涌而出，仿佛飞快的影子般疾驰而过，消失在茫茫的海洋之中。

在那些从围网和狗鲨突袭的双重夹击中成功逃脱的鲭鱼中，就有一周岁的斯科博。当天晚上，斯科博在不可抗拒的本能的指引下，跟随着年长的鲭鱼，朝着海洋方向不断迁徙，到了距离刺网和围网捕鱼者经常出没的水域数英里之外的地方。它游到了水面以下很远的地方，夏季海洋那浅淡的海水已经被它遗忘了。它沿着海洋航道不断向下潜游，在不断加深的绿色海水中穿梭着，这一切对它而言新奇而又陌生。它一直朝着西南方向前进。它要去一个自己从不知道的地方——那是一片幽深而又静谧的水域，就位于弗吉尼亚海角附近的大陆架边缘。

在那里，冬季的海洋会及时地接纳它。

|第三卷|

河海之交

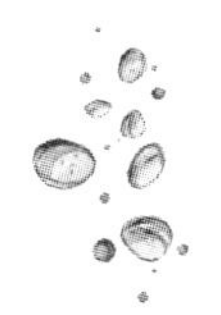

13 向海之旅

山下有一个池塘，那里生长着许多树木—— 花楸、山核桃树、栗子树以及铁杉树——树根盘绕，木节交错，将雨水储存在深深的如海绵般的腐殖质土壤之中。池塘里面的水来自于两条溪流，它们从西面的高地上流过来，越过乱石嶙峋的河床，从沟壑中一路向下流淌。香蒲、黑三棱、针蔺以及梭鱼草都扎根于池塘岸边的松软淤泥里，在山的另一边，它们则半截涉入水中。柳树则生长在池塘东岸的潮湿土地中，水流会从那里缓缓溢出，沿着青草铺设的溢洪道，探寻前往海洋的路径。

池塘平滑的水面常常被一圈圈泛起的涟漪打破，那是小银鱼、鲦鱼或者其他小鱼用力冲撞到空气和水之间的坚实界面时所产生的波纹。而当生活在芦苇和灯芯草丛中的小型水生昆虫步履匆匆经过此处时，水面上也会荡起层层涟漪。这个池塘叫作麻鸦池，因为每当春季来临，总有几只羞怯的鹭在岸边的芦苇丛中筑巢。这些鸟儿伫立于香蒲丛中，晃晃悠悠，藏匿于斑驳的光影中，发出怪异的似抽气般的叫声，据说听到叫声的人们认为那是池塘中从未现身的小精灵所发出的声音。

一条鱼从麻鸦池游到海洋的距离大约有两百英里。其中，三十英里的路程是狭窄的山间溪流，七十英里的路程是沿岸平原上缓缓流淌的河流，剩下的一百英里则是咸涩的浅滩海湾，数百万年前，海洋就从此处进入，淹没了河流的河口地带。

每年春天，一大群小生物会从海洋启程，长途跋涉两百英里，穿过杂草铺设的溢洪道，来到麻鸦池。它们的身形很是奇异，像一根细长的玻璃棒，比人的手指要短一些。它们其实是出生在深海之中的小鳗鱼，或者称之为幼鳗。一些鳗鱼会向上游到山里，但是少数会一直留在池塘里，在这里它们可以捕食淡水螯虾和龙虱，也会捕捉青蛙和一些小鱼，然后在这里慢慢长大，直至成年。

现在时值秋季，已临近年末。月亮从露出四分之一的初月变成露出一半的上弦月，秋雨已经降临，所有的山间溪流都已化作洪流奔涌前行。汇入池塘的那两条溪流的水又深又急，推挤着河床上的岩石，匆匆忙忙向海洋冲去。这奔涌而入的溪水深深地搅乱了一池秋水，水流没过草丛，旋转着穿过淡水螯虾的洞穴，向上漫涌至岸边柳树树干六英寸高的地方。

黄昏时分，忽然起风了。起初是柔和的微风，抚摸着池塘的水面，漾出天鹅绒般的浅浅纹路。到了午夜，风力加强，变为了大风，刮得灯芯草疯狂地左摇右摆，吹得已经干枯的草穗沙沙作响，在池塘的水面上犁出深深的沟纹。大风从山上呼啸而下，吹过长满橡树、山毛榉、山核桃树和松树的森林，朝着东方刮过去，直奔两百英里之外的海洋。

这条叫作安圭拉的鳗鱼钻入湍急的水流之中，随着奔涌而出的水流离开了池塘。凭借着敏锐的感官，它立刻就尝出了水中奇怪的味道和气息。水的味道有些苦涩，散发着被雨水浸泡过的秋日枯叶的气味，还有种森林苔藓、地衣以及根部腐殖质土壤的味道。这水流从鳗鱼旁匆匆流过，朝着海洋一路奔涌前进。

安圭拉在十年前还是条只有一指长的幼鳗的时候就来到了这个麻鸦池。它在池塘中度过了无数个春夏秋冬，白天躲进池塘河床的海草中，晚上在池水中徘徊觅食，因为它和所有鳗鱼一样，对黑暗情有独钟。它了解每一只淡水螯虾的洞穴，那些蜂巢状的洞穴遍布于山下的泥滩之中；它知晓如何在摇曳湿滑的睡莲茎秆之间找到出路，而青蛙常常坐在睡莲厚厚的叶片上。它也清楚去何处能找到那些紧紧抓着草叶的雨蛙，春季池水会从杂草丛生的北岸溢出，而雨蛙则常在那里出没，一边冒泡一边发出尖锐的鸣叫。它还可以找到水鼠出没的河岸，这些水鼠要么在那里嬉戏玩耍，吱吱鸣叫，要么愤怒地互相搏斗，以至于有时候它们会不小心掉入池塘，溅起朵朵水花，然后成为潜伏已久的鳗鱼的美味佳肴。它还熟悉深深的池塘底部那松软泥泞的河床，冬季它就会跑到那里，钻进淤泥中，以此抵御严寒——因为它和所有鳗鱼一样，钟情于温暖。

又到了秋天，寒冷的雨水从坚硬的山脊上滑落下来，落入池塘，凛冽刺骨。安圭拉的心中有种焦躁不安的情绪在慢慢滋长。这是它成年之后第一次，将对事物的渴望之情忘之脑后。取而代之的是一种古怪而又新奇的渴望，不可名状，难以言喻。它模糊地感觉到自己在渴望一个充满温暖和黑暗的地方——那是个比麻鸦池最黑的夜晚还要漆黑的地方。它曾经去过这样的地方——在自己生命伊始，那时记忆尚未形成。它不知道通往那个地方的路径其实就在池塘的入口处，十年之前，它就是从那里翻过池塘的出水口而进入麻鸦池的。但是那天晚上，当风雨在池塘的水面上肆虐时，安圭拉一次又一次地被一股难以抵抗的力量推向出水口，水流正从那里往外奔涌四溢，朝着海洋前进。公鸡的鸣叫声从山上的农场里传了过来，迎接着新的一天的第三个小时，而安圭拉已经溜进通往下方溪流的水道之中，正顺着水流一路前行。

尽管洪流涌入，但是山间溪流依然很浅，有着年轻溪流那种嘈杂的声音，充满了汩汩声、叮咚声以及水击石头或者石头间相互摩擦的声音。安圭拉顺着这条溪流，通过急流不断变化的压力辨识方向，找到自己的路径。它是属于夜晚和黑暗的一种生物，因此黑乎乎的水道既不会让它感到迷惑，也不会令它觉得害怕。

在五英里的路程中，溪流落入了一个一百英尺以下的巨石遍布的崎岖河床。在第六英里处，溪流滑到了两座山之间，沿着深深的沟壑继续前行。这条深沟是多年之前，另外一条更大的溪流所冲刷形成的。这两座山上面长满了橡树、山毛榉以及山核桃树，而溪流则从这些缠绕交错的树枝下面穿流而过。

破晓时分，安圭拉来到了一处明亮的浅滩地带，溪流在那里的砾石和小碎石上面急促地流淌着，发出哗哗哗的撞击声。水流突然加快了速度，朝着十英尺深的瀑布边缘迅速流走，洒落在陡峭的岩壁上，最后流入下方的凹地中。凹地很深，里面聚积的水平静而又冰凉。几个世纪以来，瀑布流水的冲击让周围的岩石变成了圆形的水池。深色的苔藓生长在池子的边缘，轮藻则扎根于池里的淤泥中，依靠从石头上汲取的石灰茁壮成长，它们会将石灰吸收到它们细弱的圆形茎干之中。安圭拉躲进池子的轮藻丛中，寻求可以遮蔽光线和太阳的庇护之所，因为此时溪流的水又浅又明亮，这使它感到相当厌恶。

安圭拉在水池躺了还不到一个小时，另外一条鳗鱼就从瀑布那里游了过来，也来池底的深色叶丛中寻找黑暗的庇护之所。这条鳗鱼是从山上更高一些的地方游过来的，它的身体多处被割伤，因为它顺流而下的高地溪流不仅稀薄而且布满岩石。这条新来的鳗鱼比安圭拉更大，也更强壮，因为它在成年之前就已经在淡水中待了两年多了。

一年多以来，安圭拉一直是麻鸦池中最大的鳗鱼，它潜游到这片轮藻丛中就看到了这条奇怪的鳗鱼。它游过的时候晃动了轮藻坚硬的石灰质茎干，惊扰了附着在轮藻茎干上的三只划蝽。每只划蝽都用一只布满一排排刚毛的节肢紧紧地抓着茎干，将自己稳稳地固定在轮藻上。这些昆虫正在啃食轮藻覆盖在茎干上的那层鼓藻和硅藻。划蝽身体上有一层闪闪发光的毯子般的空气薄膜，那是它们从水面上潜游下来时就带过来的。鳗鱼经过这里时，就把它们从自己安静的停息处驱逐了出去，它们仿若气泡般漂了起来，因为它们比水还要轻。

有一只昆虫，身体像一段树枝碎片，长着六条节肢，时而在浮叶上漫步，时而在水面上滑行，就像在一块结实的绸缎上游走一样。它的脚在水面上压出六个凹痕，但是却并没有戳破水面，它的身体是那么的轻盈。这种昆虫叫作尺蝽，意思是“沼泽上的踩踏者”，因为这种昆虫总是生活在沼泽深处的泥炭藓之中。尺蝽正在觅食，观察着蚊子幼虫或者小型甲壳动物之类的生物，等它们从池塘底部游到水面上来再伺机捕食。当其中一只划蝽突然划破尺蝽脚下的水面时，这只树枝状的昆虫立刻伸出锋利如匕首般的吻部，刺穿了划蝽的身体，将其小小身体内的体液吸干抹净。

当安圭拉感觉到那条奇怪的鳗鱼正要挤进池塘底部的枯叶所铺成的厚厚的垫子里面的时候，它又游回了瀑布后面幽暗的隐藏之处。在它上方，岩石陡峭的表面一片碧绿，长满了柔软的苔藓叶子，这些叶子虽然避开了水流，却总是被从瀑布飞溅下来的小水花给弄湿。春季，蠓会来到此处产卵，它们会用一束白色的薄纱将卵结在湿漉漉的岩石上。后来，当卵孵化之后，这些有着薄纱般翅膀的昆虫便开始成群结队地从瀑布里面冒出来，而停息在垂悬树枝上的小鸟目光雪亮，注视着蠓的一举一动，伺机张开大嘴冲入云团似的蠓群之中。现在，蠓都不见了，但是其他的小动物却生活在被水浸透的碧绿的苔藓丛中，有甲虫的幼虫、水虻以及大蚊。它们都是通体光滑的生物，没有抓钩、吸盘以及近亲那种扁平的流线型的身体。这种身体使得它们的近亲能够生活在上方瀑布边缘那湍急的水流中，或者生活在十几英尺以外池水激溅而起流入河床的地方。虽然它们生活的地方距离垂直坠入池塘的水幕只有几英寸，但是它们对那股急流及其危险之处一无所知；在它们的世界里，水流会缓缓地从碧绿的苔藓丛中渗出，慢慢流淌，一派祥和。

随着过去两周的降雨，大规模的秋叶飘零拉开了序幕。一整天，从森林的顶部直到森林的地面上，树叶纷纷飘落，无止无休。树叶静悄悄地飘落了下来，与地面接触时产生的声音甚是微弱，比老鼠脚轻擦地面的声音还要小，也比鼹鼠在落叶堆里面穿行的声音更弱。

一整天，长着宽大翅膀的鹰都在沿着山脊向下飞翔，朝着南边前进。它们飞行时，那张开的翅膀几乎一下也没有拍打，因为它们正乘着一股上升的气流在前进，那是西风刮向山丘受阻后再向上跃起，翻越山丘所形成的气流。这些鹰是来自加拿大的秋季迁徙者，它们之前一直沿着阿巴拉契亚山脉飞行，因为那里的气流会使它们的飞行变得轻松一些。

黄昏时分，猫头鹰开始在树林中鸣叫，安圭拉离开了池塘，独自往下游游去。不久之后，溪流就流过了连绵起伏的农田。那天晚上，溪流两次流入小水闸，在皎皎月色下，水闸也泛着白色。在第二个水坝下面的一片水域中，安圭拉在一处突出来的河岸下面休息了一会儿，那里湍急的水流不断冲蚀着绿草丛生的地面。水流冲击着坝的斜坡，发出尖锐的嘶嘶声，这可把安圭拉给吓了一跳。当它躺在河岸下面的时候，那条曾经与它一起在瀑布下面的池塘休憩的鳗鱼也游过了水闸，往下游游去。安圭拉紧随其后，任凭水流载着它在浅滩跌跌撞撞，颠簸前行，迅速地滑过更深的水域。它时常留意到有几个黑影在它身旁的水域中游走，那其实是其他的鳗鱼，它们来自于高地主干流的许多支流。像安圭拉一样，其他这些身体修长纤细的鱼儿也顺从于匆匆前行的水流，使它们的行程加速。所有的迁徙者都是雌性鳗鱼，因为只有雌性鳗鱼才会奋力向上游去，游到远处的淡水溪流之中，而那里的一切都不会引起关于海洋的回忆。

那天晚上，鳗鱼几乎是溪流中唯一游动的生物。有一次，在山毛榉丛中，溪流急转弯，冲刷出了一片更深的河床。当安圭拉游到这个圆形的凹地之中时，几只青蛙从松软泥泞的岸边跳了下来，它们原本坐在那里，半截身子露出水面，藏在一个倒下的树干底部。一个浑身长满皮毛的动物忽然靠近此处，这几只青蛙被吓了一跳，这个动物在松软的泥地上踩下的脚印与人类的脚印如出一辙，在朦胧的月光下，它那戴着小小的黑色面具般的脸庞以及长着黑色环纹的尾巴也显现出来。这原来是一只浣熊，它住在附近一株毛山榉树高处的洞穴中，它经常出来在溪流中捕捉青蛙和淡水螯虾。它的靠近引起了串串水花四处飞溅，可是它却没有感到不安，因为它知道那些愚蠢的青蛙会躲在何处。它走到倒下的树干旁，平平地趴在上面，用自己的后爪和左前爪紧紧地抓住树皮，然后将右前爪竭尽全力探入水中，用敏感的手指忙忙碌碌地探查着树干下面的叶子和淤泥。这些青蛙试图钻到叶子、树枝以及其他溪流杂物的深处，可是浣熊的手指会摸索每一处洞穴和缝隙，拨开树叶，探查淤泥，耐心而又细致。不久，浣熊就感觉到手指下面有一个又小又结实的身体——当这只青蛙试图逃跑时，它感觉到了那突然间的动作。于是，浣熊抓得更紧了，迅速地就把青蛙拽到树干上来。它捏死青蛙后，小心翼翼地将其浸入溪流中清洗干净，然后才吞入腹中。当它享用完这顿美餐后，又有三只戴着黑色的小小面具的动物步入了溪流边缘的那片斑驳月色之中。它们是浣熊的伴侣以及它们的两只幼崽，也从树上下来，到此处猎捕夜间的食物。

由于习惯的驱使，安圭拉好奇地把吻部探入木头下面的那堆落叶里，这让那些青蛙被吓得更厉害了，但是它并没有像之前在池塘一样戏弄它们，因为在那种强烈的本能驱使下，它忘却了饥饿感，融入溪流之中，与溪水共同前行。当安圭拉滑入经过木头末端的水流中央时，两只小浣熊和它们的母亲已经爬上了树干，四个带着黑色面具似的脸庞一起注视着水面，准备从池塘中捕捉青蛙。

到了早晨，溪流已经变得更宽更深了。这时，溪流也安静了下来，水面上倒映着一片开阔的树林，其中生长着悬铃木、橡树以及山茱萸。溪流穿过树林，载着一批色彩鲜艳的叶子——颜色鲜红、噼啪作响的叶子是橡树的树叶，黄绿相间的叶子是悬铃木的树叶，颜色暗红、仿若皮革的叶子是山茱萸的树叶。在狂风之中，山茱萸的叶子都飘落了，但是它们却保住了自己鲜红的浆果。昨天，旅鸫成群结队地聚集在山茱萸丛中，啄食浆果；今日，它们已经飞往南方，而它们原先停留的地方飞来了成群的椋鸟。这些椋鸟在树木之间飞来飞去，一边啄食树枝上的浆果，一边呼朋引伴，嬉戏鸣叫。这些椋鸟新换上了颜色亮丽的秋羽，胸脯上的每根羽毛尖儿都呈白色。

安圭拉来到一个浅浅的水池里，这水池是十年前，一棵橡树被一场猛烈的秋季风暴连根拔起，斜置横卧于溪流之上而形成的。那年春天，安圭拉往上游到这里的时候还是一条幼鳗，所以此时溪流中的橡树坝和水池于它而言甚是新奇。如今，大量的杂草、泥沙、枝条、枯枝以及其他杂物都堆积在巨大的树干周围，将所有缝隙都填充得严严实实，以至于流水在水池里积蓄了两英尺深。在满月期间，鳗鱼躺在由橡树坝所构成的水池之中，它们害怕在映着皎皎月色的溪流中行进，这几乎就跟它们惧怕在阳光下游走一样。

在水池的淤泥中，有许多正在挖洞的、形如蠕虫般的幼虫——它们其实是年幼的七鳃鳗。它们并非真正的鳗鱼，而是一种长得像鱼一样的生物，它们的骨架是软骨，而不是坚硬的骨头，圆圆的嘴巴里嵌满了牙齿，因为没有颌，所以嘴巴总是大大地张开着。这些年幼的七鳃鳗里，有一部分是由四年前产在水池中的卵孵化而来的，它们生命中的大部分时间都把自己埋在浅滩溪流的泥滩中，眼睛看不见，也没有长出牙齿。这些较为年长的七鳃鳗体长几乎是人类手指长度的两倍，它们今年秋天才刚刚蜕变为成年七鳃鳗的样子，那个时候，它们才第一次睁开眼睛看清楚自己所生活的这个水下世界。现在，就像真正的鳗鱼一样，它们感受到水流在缓缓地流向海洋，而一种莫名的感觉也驱使着它们随着水流一同前行，游到下方去寻找那咸涩的水域，享受一段时间的海洋生活。在那里，它们可以以半寄生的方式捕食鳕鱼、黑线鳕、鲭鱼、鲑鱼以及许多其他的鱼类，然后像它们的父母一样，在适当的时间重新返回河流产卵，最后了却此生。其中一些年幼的七鳃鳗每天会从橡树水坝旁溜过去，在一个多云的夜晚，雨水落下，河谷中白色薄雾缭绕，鳗鱼们也随之而来。

第二天晚上，鳗鱼们来到了一个地方，溪流在那里绕着一个长满茂密柳树的小岛分流开来。鳗鱼们顺着小岛南边的通道继续前行，那里有着广阔的泥滩。这个小岛的形成历经几个世纪，它是由溪流在注入主干流之前，留在此处的泥沙所沉积而成的。草的种子在此处落地生根，水流和鸟儿又带来许多树木的种子，洪水流经时带来柳树的残枝断条，然后这些枝条又长出了嫩芽，于是，一个小岛便这样诞生了。

当鳗鱼们进入主干流的时候，河水的颜色因为即将来临的黎明而呈灰色。河道有十二英尺深，水质浑浊，因为许多支流随着连绵的秋雨注入其中。鳗鱼们白天并不害怕昏暗的河道水流，它们害怕的是山间溪流那明亮的浅滩，因此白天的时候，它们并不停下来休息，而是继续向着下游行进。河流中还有许多其他的鳗鱼，它们都是从其他的支流过来的迁徙者。随着鳗鱼数量的增加，它们的兴奋劲儿也随之增加，于是随着时间的流逝，它们休息的次数越来越少，狂热地急忙朝着下游奔去。

随着河水变得越宽越深，水里面有了一种奇怪的味道。这是一种略带苦涩的味道，在昼夜的某些特定时刻，这水中的味道会变得更加强烈，鳗鱼们通过将河水吸入嘴中，再排入鱼鳃中尝到了这种味道。伴随这种苦涩味道而来的是陌生的水流运动——每隔一段时间，有种压力就会抵住河水向下流淌的势头，然后水流会被缓缓释放，接着水流便迅速加速继续前行。

现在，几组细长的标杆在河流中相隔而立，这一排排直线般整齐排列的标杆与河岸倾斜相交，呈现出漏斗般的形状。黑乎乎的渔网上面覆盖着黏滑的海藻，海藻在标杆之间悬挂着，露出水面几英尺。海鸥时常会停息在建网上面，等待着渔民前来捕鱼收网，这样它们就可以叼走任何可能被渔民扔掉或者不慎丢失的鱼儿了。这些标杆上面布满了藤壶以及小型牡蛎，因为此时水中有足够的盐分可供这些贝壳类动物生长。

有时候，在河流的沙嘴上会星星点点地分布着一些小型滨鸟，它们或是站在那里休憩，或是在水流边缘搜寻蜗牛、小虾、蠕虫或者其他食物。这些滨鸟一般会在海之边缘出没，它们的大量出现暗示着海洋已经近在咫尺了。

这种奇怪的苦涩味道在水中越来越浓烈，潮起潮落的节奏也越来越强劲。在一次退潮的时候，一群小鳗鱼——体长皆不足两英尺——从咸涩的沼泽地里游出来，加入了从山间溪流而来的迁徙队伍之中。它们都是雄性鳗鱼，从未往上游到河流中，而是一直留在潮汐和咸涩的水域地带。

所有的迁徙者的外貌都发生了惊人的变化。渐渐地，它们那橄榄棕色的河流装束变成了闪闪发光的黑色，腹部则变成了银色。这些颜色，只有即将启程踏上遥远的海洋之旅的成年鳗鱼才会拥有。它们的身体结实圆润，满是脂肪——这为它们到达旅程的终点之前提供了必需的能量。在那些迁徙者中，已经有许多鳗鱼的吻部变得更高更精致，仿佛嗅觉可以变得更加灵敏。它们的眼睛也增大为原先的两倍，也许是为了沿着黑暗的海洋航道向下潜游做好准备。

在河流延伸到河口的地方，它流经了南部河岸一处高高的黏土悬崖。悬崖下面埋藏着数千颗古老的鲨鱼牙齿、鲸鱼的脊椎骨以及软体动物的壳。早在第一批鳗鱼从海洋漫游至此的时候，它们就已经在此处沉睡了很久很久。这些牙齿、骨头以及贝壳都是当时的遗迹，那个时候海水漫过了整个沿海平原，海洋生物所留下来的坚硬的遗骸都会沉入海底的淤泥之中。它们在黑暗中埋藏了数百万年之久，每次暴雨来袭，覆盖在它们身上的黏土都会被冲刷干净，让它们暴露在温暖的阳光下，沐浴在雨露中。

鳗鱼们花了一周的时间才从海湾游下来，在日益变咸的水流之中匆匆穿行。这里水流的移动节奏既不像河流，也不像海洋，而是受制于注入海湾的许多河流河口处的漩涡，以及三四十英尺之下河底淤泥中的洞穴。退潮时的水流比涨潮时要更加强劲，因为从河流中涌出的湍急水流会抵挡住从海洋冲来的水流压力。

终于，安圭拉来到了海湾的入口附近。随它一起而来的还有数千条鳗鱼，它们来自于数千平方英里内所有的山丘和高地，来自于每一条经由海湾奔涌入海的小溪和河流，它们就这样一路向下漂游，就像那载着它们一路前行的水流一样。鳗鱼们沿着一道与海湾东岸相连的深邃海峡继续前行，来到了一块通往一大片盐沼的土地。在盐沼之上，海洋和盐沼之间，是海湾延伸出来的一片广阔而又狭长的浅滩，那里布满了一簇簇绿色的沼泽草。鳗鱼们聚集在沼泽地里，等待着它们跨入海洋的时刻。

第二天晚上，一股强劲的东南风从海洋上吹过来，当潮水开始上涨的时候，那股风就在潮水后面，推着它冲向海湾，涌入沼泽地。那天晚上，鱼类、鸟类、螃蟹、贝类以及沼泽地里所有其他的水中生物都尝到了海水的苦涩滋味。随着海风驱使着高墙一般的海浪涌入海湾，鳗鱼们就躺在深深的水中，细细品尝着其中越来越浓烈的咸味。这种咸味是海洋的味道。鳗鱼们已经做好入海的准备了——去拥抱深海，以及在那里等待它们的一切。它们多年的河流生活就这样画上了句号。

这股风的力量比日月的引力更为强大。午夜之后，潮水开始发生变化，退潮开始了，但是这咸涩的水流却继续涌入沼泽地中，深厚的表层水流被风推着不断前进，而底层的水流则向海洋退去。

潮水发生变化不久之后，鳗鱼们就开始往海洋移动了。每条鳗鱼在它们生命之初都经历过汹涌澎湃的海水那宏大而又奇异的运动节奏，但此后便早已遗忘在时间无涯的荒野里，于是准备乘着退潮的水流入海的鳗鱼们起初还是有些迟疑不决。潮水载着它们从两座小岛之间的水湾中穿过，来到停泊于此的一支船队底下，这支船队由捕捞牡蛎的渔船组成，它们正在等待黎明的到来。当清晨来临，鳗鱼们已经游到了很远的地方。潮水载着它们经过了水湾峡口几处斜漂着的杆状浮标，绕过了固定在沙滩或者岩石上面的鸣哨浮标以及钟形浮标。潮水把鳗鱼们带到了一座大岛屿附近的背风海岸，岛上有一座灯塔，一束束长长的光线从里面射出来，投向远处的海洋。

从岛屿上的一个沙岬处传来了一阵滨鸟的叫声，那时它们正在退潮的一片黑暗中觅食。鸟儿的叫声、海浪的碰撞声，这些声音交织在一起，在陆地与海洋的交接边缘久久回荡。

鳗鱼们挣扎着在海浪带中穿行，黑色的水面上泡沫翻涌，在灯塔光束的照耀下，泛着微微白光。一旦越过了被风搅得波涛汹涌的海浪带，鳗鱼们就会发现海洋变得温柔了很多。它们沿着倾斜的沙滩继续前进，潜入了更深的水域之中，那里不会受到风浪的猛烈冲击。

只要潮水还在渐渐退去，鳗鱼们就会逐渐离开沼泽地，奔向海洋。那天晚上，数千条鳗鱼经过了灯塔，迈出了它们遥远的海洋之旅的第一步。事实上，所有这些银色的鳗鱼都是那片沼泽地里的。当它们穿越海浪，游入海洋之中时，它们也因此游出了人类的视线范围，几乎超越了人类知识所能触及的地方。

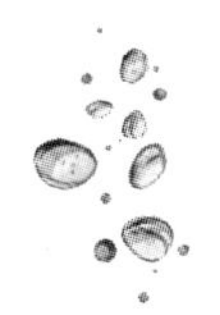

14
冬之避所

满月潮再次来临的夜晚，雪花乘着西北风悄然飘落到海湾之中。从山峦到谷底，直到蜿蜒入海的沼泽平原，皑皑白雪仿佛地毯一般，绵延了数英里。旋转的雪成云掠过海湾，风在水面上呼啸了整整一夜，雪花坠落海湾后，刹那间便消失于幽暗的海水之中。

在二十四小时以内，气温就骤降了四十度，清晨时分，潮水流经海湾的入口，它漫过的所有泥滩上面的小水池都迅速凝结，铺上了一层薄冰，而最后一波退潮的水流尚未来得及返回海洋便已经冻结在此处。

滨鸟的鸣叫声——鹬的唧啾声以及鸻银铃般的叫声——都沉寂了下来，只听得见风的呼啸声，在盐沼和潮汐滩地上嗖嗖作响。在上一次退潮的时候，鸟儿会在海湾的边缘奔跑，在沙滩中探寻；而如今，它们在暴风雪来临之前就已经悄然离开了。

清晨，雪花还在天空中翩然起舞，一群长着长尾巴的鸭子在暴风到来之前从西北方向飞了出来，它们被称为长尾鸭。它们对冰天雪地和凛冽寒风甚是熟悉，暴风雪的来临会使它们欢欣鼓舞。当它们透过飘舞的雪花，看到坐落在海湾入口处那座高高伫立着的白色灯塔，再越过灯塔望见那片浩瀚无垠的灰色海洋时，它们便叽叽喳喳地彼此呼喊。长尾鸭钟情于海洋。它们会在海洋上面度过整个冬天，捕食着浅水区域的贝类，夜间跑到海浪带外的远海地区休憩。现在，它们从暴风雪中冲出来——仿佛是飞雪中颜色更深一些的雪花一样——来到了海湾入口处那片大盐沼外面的浅滩之中。整个上午，它们都在水面下二十英尺布满贝类的河床上急切地觅食，潜入水下捕食小小的黑色贻贝。

一些生活在海湾岸边的鱼儿仍然留在更深的洞穴之中，离下游的河口地区很远。这些鱼里面有海鳟、石首鱼、斑鳟、黑鲈以及比目鱼。这些鱼儿曾在海湾度过夏天，其中一部分鱼儿还在海湾的滩涂、河口以及深穴之中产卵。从流网的网格中逃脱的这些鱼儿趁着退潮时，沿着海底一路漂游，它们有幸逃过了那个叫作建网的网状迷宫，躲过了其中的重重陷阱。

如今，海湾里面的水域已经完全被冬天所掌控。冰雪封住了所有的浅滩，而河流从冬日的山间取来冰冷刺骨的水流。于是，鱼儿们都转身游入海洋，它们全身上下还记得海湾入口处绵延不绝的缓缓倾斜的平原，还记得平原边缘那片温暖、宁静的水域以及那抹蓝色的黄昏。

在暴风雪来临的第一天晚上，在沼泽地临海的那一边有一处浅浅的海湾，一群海鳟因为严寒被困其中。这浅浅的水域温度降得如此之快，喜欢温暖的海鳟瞬间便因寒冷而瘫痪，躺在水底，一副半死不活的样子。当潮水退回海洋的时候，它们也没能跟上，只能待在这片越来越浅的水域中。第二天清晨，浅浅的海湾上面已经全部覆盖了一层寒冰，数百条海鳟也因此一命呜呼。

另一群待在盐沼旁较深一些水域中的海鳟则逃脱了被冻死的厄

运。两次大潮之前，这些海鳟从它们位于海湾上游处的觅食地游下来，来到了通向海洋的水道之中。在这里，强劲的退潮给它们带来了从许多河流而来的冰冷水流，让它们可以从浅滩和泥滩中游走。

海鳟游入了一个更深的峡谷，这是三个相连的山谷之一，它们的形状就像是一只巨型海鸥在海湾入口的松软沙地上踩出的深深的脚印。峡谷的底部指引着海鳟不断向下，游了一英寻又一英寻，进入了一片更为宁静温暖的水域之中。下方的河床上长着茂密的海藻丛，随着潮汐的运动兀自摇曳。这里潮汐的压力要比浅滩斜坡上的压力小一些，涨潮时最为强劲的水流运动都在上层水域中进行。退潮是一种冲刷潮，沿着山谷的底部冲涌而下，搅起沙粒，载着空空的鸟蛤壳一路跌跌撞撞，颠簸前行，从缓缓的山坡流入深深的山谷之中。

当海鳟进入海峡时，来自海湾上游的蓝蟹正从它们身下经过，从浅滩沿着斜坡慢慢向下游走，寻找着幽深而又温暖的洞穴来度过冬天。这些蓝蟹爬进了生长在海峡底部如地毯般厚密的海藻丛中，与之一起在此处寻求庇护的还有其他螃蟹、虾以及小型鱼类。

海鳟在夜幕降临之前便进入了海峡，那时退潮才刚刚开始。在夜间早些时候，其他鱼类游入了潮水中，随之一起穿过海峡，朝着海洋进发。它们紧紧地贴着海底游走，在厚密的海藻丛中穿行，而海藻也随着无数条鱼类游动的身体而左摇右摆。这些鱼儿是石首鱼，来自于周围的浅滩，是被严寒逼迫着游到此处的。它们一排排有序地游走着，三四条鱼排成一队，在海鳟的下方前行，享受着海峡的温暖水域，这里的水温要比浅滩高出许多。

清晨，海峡里的光线仿佛一片浓密的绿色迷雾，因为泥沙而显得朦胧昏暗。在上方十英寻的地方，最后一波涨潮的水流正推着纺锤形浮标那红色的锥形物向西边前行，对于从海洋而来的船只而言，这标志着它们已经开始进入海峡了。这个浮标拴在锚链上，微微倾斜，随着海浪翻腾起伏。海鳟游到了三道海峡的交界处——那个直指海洋的形如海鸥脚后跟的地方。

在下一次退潮时，石首鱼会穿过海峡游向海洋，去寻找那片比海湾更加温暖的水域。而海鳟则还滞留于此。

在临近最后一次退潮的时候，一群年轻的西鲱游过了海峡，匆匆向着海洋进发。它们的身体有一指之长，鱼鳞闪亮如白金。它们是由那年春天在支流中产下的鱼卵孵化出来的，也是同类中最后一批离开海湾的。数千条那年出生的其他的年轻鱼类早已经游过了浅滩，以及海湾那片淡水与海水交汇的水域，进入了浩瀚无垠的海洋之中，这片未知的水域对它们而言很是陌生。这些年轻的西鲱在海湾入口处的那片咸涩的水域中迅速游走，对这新鲜的咸味和海洋的运动节奏感到兴奋不已。

雪已经停了，但是风依旧从西北方呼啸而来，将白雪摞成厚厚的雪堆，而那在雪堆表面飘舞的雪花则被卷入空中，化作一股梦幻般的雪风。这种寒意凛冽刺骨，所有狭窄一些的河流两岸之间都已经被冰封雪冻，捕捞牡蛎的渔船也被锁在海港之中。海湾粉妆玉砌，覆盖在一层坚硬的冰雪之中。每次退潮，都会有来自河流的新鲜而又冰冷的水流注入，使海鳟所在的海峡寒意日增。

暴风雪过后的第四个晚上，倾洒在水面上的皎皎月光甚是明亮。风一吹过，这光芒便四散开来，化成无数星光，摇曳生辉，整个海湾上空光彩闪烁，片片雪花漫天飞舞，点点星光恣意飘摇。那天晚上，鳟鱼看到数百条鱼儿游入了它们上方深深的海峡之中，仿若银色光幕上的黑色投影一般，朝着海洋不断前进。这些鱼儿是其他一些海鳟，它们原本一直待在海湾上十英里处一个九十英尺深的洞穴里。那个洞穴是一条古老水道的一部分，曾经被海洋淹没，之后才形成了海湾。原本躺在形如海鸥脚印的海峡中的那些鱼儿也加入了从深邃洞穴而来的迁徙者的队伍，一起朝着海洋进发。

离开海峡之后，海鳟来到了一个满是连绵起伏的沙丘的地方。这些海底山丘甚至还没有海风肆虐的岸上沙丘稳固，因为它们没有海燕麦或者沙丘草的草根来保持稳定，从而无法抵挡从大西洋深处爬上斜坡的波浪推力。一些山丘坐落在水面以下几英寻的地方，每当暴风雨来袭时，这些山丘就会移动，成吨的沙子要么积聚成堆，要么四散飘落，而这一切在一次涨潮的短暂时间内便可完成。

在海底沙丘上游荡了一天后，海鳟向上游到了一处潮水汹涌的高原，那里标志着沙丘地区与海洋的交界处。高原宽为半英里，长为两英里，俯瞰着一条更为陡峭的斜坡，斜坡缓缓地向下延伸至绿色的深渊之中。浅滩本身距离水面才三十英尺。有一次，受西南风驱使的强劲潮汐袭来，移动了沙丘，同时毁坏了一艘开往港口的纵帆船。那时，船舱中还载着一吨重的鱼儿。这艘失事的纵帆船名为玛丽B号，它的遗骸仍然躺在沙滩上，船身陷入底下的泥沙之中。海藻从船的残骸和桅杆顶部长了出来，长长的叶子在水中轻舞摇曳，涨潮时漂向陆地，退潮时则漂向海洋。

玛丽B号一部分埋在沙子里，以四十五度的角度向陆地倾斜。一层厚密的水藻在它所遮蔽的地方以及右舷下长了出来。原本覆盖着鱼舱的舱门也在船只失事的时候被冲走了，现在船舱就像是甲板那倾斜的地板上的一个黑黑的洞穴一样——成了喜暗生物一个藏身的海洋洞穴。船舱里面堆了半舱被螃蟹啃食之后剩下的鱼骨头，当船只下沉的时候，这些鱼骨并没有被水冲走。甲板室的窗户已经被使玛丽B号沉船的汹涌海浪给砸碎了。如今，这些窗户被生活在沉船附近的小型鱼儿当作出入的通道，这些鱼儿也会一点点啃食窗户边上长出来的海藻。银色的月鲹、白鲳以及鳞鲀成群结队，络绎不绝地从窗户里面进进出出。

玛丽B号就像这片绵延数英里的海洋荒漠中的一块生命绿洲，成为无数海洋小鱼苗——那些体型微小的无脊椎动物——赖以归属的地方。在那里觅食的小型鱼类会在所有的木板和桅杆处搜寻到鲜活的食物，而那些大型鱼类中的捕猎者和潜行者则会在此处找到藏身之所。

当最后一缕绿色的光芒渐渐变成灰色时，海鳟游到了沉船黑色的残骸附近。它们在船只周围捕食了一些小鱼和螃蟹果腹，它们从寒冷的海湾出发，经历了漫长而又匆匆的旅程，早已饥肠辘辘，幸好此时饥饿之感得到了满足。然后，它们便在玛丽B号那海藻丛生的木板附近安顿下来过夜。

海鳟群漂在沉船上方的水域中，无精打采，昏睡了过去。它们的鱼鳍轻轻地运动着，以保持自己的身体与沉船和自己同伴之间的距离。而水流则在浅滩上缓缓地移动，从海底慢慢攀上斜坡。

黄昏时分，从甲板室的窗户和烂木板上的窟窿中络绎不绝、蜿蜒进出的小鱼队伍四散开来，成员们都各自在沉船附近寻找休憩之所去了。在冬季的海洋，暮色降临得会早一些，生活在玛丽B号里面以及周围的大型捕猎者迅速苏醒，活力四射。

一个长长的蛇形触手从鱼舱的黑暗洞穴中伸了出来，用触手上的两排吸盘紧紧地抓住了甲板。触手一个接着一个伸出来，一共出现了八条触手，紧紧地抓着甲板，这时一个黑色的身影从鱼舱中爬了出来。这个生物其实是一条大章鱼，它生活在玛丽B号的鱼舱里面。它滑过了甲板，溜进了甲板室下壁上的隐蔽处，它藏身于此，准备开始夜间的狩猎。当它躺在那些破旧而又海藻丛生的木板上时，它的触手一刻也没有停止动弹，而是忙碌地朝着四面八方伸展开来，搜查着每一个熟悉的裂口和缝隙，寻找着戒备不足的猎物。

没过多久，这条章鱼就等到了一条小青鲈。这条小青鲈正沿着甲板室的墙壁觅食，一口一口地啃咬着船只木板上的苔藓状的水螅虫，甚是全神贯注。于是，它丝毫没有察觉到身边的危险，反而越来越向前靠近。章鱼耐心地等待着，它的眼睛盯着这个移动的身影，到处摸索的触手也停止动弹。这条小青鲈游到了甲板室的角落，身子微微倾斜，与海底成四十五度角。这时一条长长的触手伸到了角落周围，通过触手敏锐的尖端，一下子就把小青鲈给缠住了。小青鲈竭尽全力挣扎着，想要逃脱触手的束缚，但是触手上的吸盘牢牢地吸附在鱼鳞、鱼鳍以及鳃盖上面，接着触手将其迅速地拽入等候已久的口中，然后那形如鹦鹉喙一般的吻部残忍地将其撕得四分五裂。

那天晚上，这条伺机而动的章鱼在触手可及的范围内，捕获了好多游荡于此粗心大意的鱼儿和螃蟹，同时它也会游到沉船之外的水域捕食从远处经过的鱼类。然后，它会通过抽吸自己松弛的囊状身体进行移动，依靠从虹吸管中喷射出水柱来向前行进。因为它那错综缠绕的触手和抓力强劲的吸盘几乎很少失手错过猎物，渐渐地，它身体里那抓心挠肺的饥饿感也慢慢地得到了缓解。

当玛丽B号船头下方的海藻随着转向的潮水稀里糊涂地左摇右摆时，一只大龙虾便从它海藻丛中的藏身之地钻了出来，朝着海岸的方向前行而去。在陆地上，龙虾那笨重的身体重达三十磅，但是在海底，由于水的浮力支撑，它可以踮起四对纤细的足尖，灵活自如地移动。龙虾长着可以压碎东西的大爪子，或者称之为螯。螯爪一般伸在身体前方，随时准备抓捕猎物或者攻击天敌。

这只龙虾沿着沉船往上移动，然后停下来准备捕食一只爬在层层藤壶上面的海星，沉船的船尾满满地覆盖着藤壶壳，白白的一大片。龙虾用前爪上的螯将翻滚扭动着的海星送入自己口中，然后其他的多节附肢急忙行动，将海星那满身是刺的身体塞入颌中咀嚼。

吃了海星的一部分之后，大龙虾就把它吐出来扔给食腐蟹了，然后在沙地上继续前行。有一次，它停下来开始挖蛤蜊，把沙土翻来倒去，忙得不可开交。一直以来，它那又长又敏感的触须不停地在水中挥来舞去，搜寻食物的气息。找了半天却并没有发现蛤蜊，大龙虾就爬到了阴影之中，准备进行暗夜觅食。

黄昏到来之前，一条年轻的海鳟发现了生活在沉船中的第三种大型捕猎性生物。它就是鮟鱇鱼，一种身形矮胖，状如风箱的畸形生物。它的嘴巴又宽又深，长着一排排尖利的牙齿，嘴巴上方还长着一根奇特的棍子样的东西，就像一根柔韧的钓竿，末端悬挂着鱼饵——一块叶片状的肉瓣。鮟鱇鱼身体的大部分都长着参差不齐的皮质突起，漂流在水中的时候，整条鱼看起来就像是一块长满了海藻的岩石。它那两个肥厚多肉的鱼鳍——与其说是鱼鳍，倒不如说是水生哺乳动物的鳍状肢——长在身体两侧，当鮟鱇鱼贴着水底游动的时候，它主要依靠鱼鳍支撑身体向前移动。

当年轻的海鳟碰到鮟鱇鱼路费恩的时候，它正躺在玛丽B号的船头下面。这条鮟鱇鱼在那里一动不动地躺着，扁平的头顶上，它那两个邪恶的小眼睛一直盯着上方。它的身体半掩在海藻丛中，松弛皮肤上参差不齐的皮质突起将它的身体轮廓弄得模糊不清。对于那些在沉船周围游荡的鱼儿来说，只有最为谨慎的鱼儿才会注意到路费恩。刚才那条海鳟叫作赛诺塞恩，它就没有注意到这条鮟鱇鱼，反而它只看见在沙地上一尺半的水域中悬荡着一个色彩鲜艳的小东西。那个东西动了动，忽上忽下。因此小虾、蠕虫，以及其他可食性动物都和赛诺塞恩的经历一样，被这个东西吸引游了过去，赛诺塞恩向下游着准备一探究竟。当它离那个东西的距离是自己两倍体长的时候，一条小型白鲳从开阔的水域旋转着游了过来，一点一点啃咬着诱饵。刹那之间，两排白色利齿突然闪现，前一刻无害的海藻还在那里随着潮汐左摇右摆，而此时白鲳已经消失在鮟鱇鱼的血盆大口之中。

这突如其来的情景令赛诺塞恩瞬间陷入恐慌之中，赶忙逃走，躲到了一块腐朽的甲板木材下面，鳃盖随着它吸入海水的频率增加而快速张合。鮟鱇鱼的伪装是如此的完美，海鳟根本就没有看到它，预示着危险的只有那忽然闪现的牙齿和瞬间消失的白鲳。之后，赛诺塞恩一直盯着晃来晃去的诱饵，三次目睹悬着的诱饵一动，鱼儿们便游过去进行探查。其中有两条是青鲈，另外一条是身体高而扁平的银色月鲹。这三条鱼每一个都是在触碰了诱饵之后，消失于鮟鱇鱼的口中。

接下来，在黄昏渐渐变成黑夜这段时间里，赛诺塞恩躺在这块腐朽的甲板木材下面，再没有看到鱼儿落入鱼的口中。但是，随着夜色渐深，它时不时地感觉到，自己下方水域中的某个庞然大物突然活动了起来。大约午夜之后，玛丽B号船头下方的海藻丛中再也没有了动静，因为鮟鱇鱼已经离开了，它不满足于那为数不多的来探查诱饵的小鱼，选择去捕食更大的猎物了。

一群绒鸭飞了过来，准备在浅滩上方的水域中休憩过夜。起初，它们降落在了距离海岸两英里的地方，但是海水在它们身下的崎岖地面汹涌而过，碎浪滚滚，在潮水转变方向之后，绒鸭周围的黑色水域上便泛起层层泡沫。海风朝着海岸吹去，与潮汐的流动方向刚好相反，彼此较量。绒鸭被惊扰得心神不宁，于是便飞到了浅滩的外缘，因为那里的水域更加宁静一些，再一次在浪花朝着海洋的那一侧停息了下来。绒鸭在水中游得很低，仿佛是载满货物的纵帆船一样。虽然它们睡着了，有些绒鸭常常会把脑袋埋在了肩膀下的羽毛中，但是它们还是会时常划动自己的蹼足，从而保持它们在疾速奔涌的潮水中的位置。

当东方的天空开始亮堂起来的时候，浅滩边缘的水域渐渐从黑色变成了灰白色。漂浮在水面上的绒鸭的身影从水底下看就像是椭圆形的影子，外面包裹着一层银光熠熠的空气，禁锢在它们的羽毛和水面之间。水底下，一双不怀好意的小眼睛正密切注视着绒鸭的一举一动。这双眼睛属于一个在水中游速缓慢且动作笨拙的生物——就是那体型巨大、形似畸形风箱的生物。

路费恩很清楚，鸟儿们就在附近，因为水域中绒鸭的气息和味道很浓烈，而这会传到它舌头上的味蕾以及它口腔内敏感的皮肤上。甚至在逐渐明亮的光线照射到水面阴影上，它那锥形的视野逐渐清晰之前，它就已经看到了闪闪的磷光，那是绒鸭用蹼足搅动水面所激起的水花。路费恩之前曾经见到过这样的亮光，这通常意味着鸟儿们正在水面上休憩。它夜间的潜行捕猎仅仅只捉到了几条中等身材的鱼儿，这远远不足以令它填饱肚子。它的胃大得足以吞下二十条大型比目鱼或者六十条鲱鱼，也能将一条与自己同样大小的鮟鱇鱼吞下去。

路费恩游得更加靠近水面，用自己的鱼鳍不断向上攀游。它游到了一只绒鸭的下方，因为这只绒鸭距离其他的同伴稍微远一些。

这只绒鸭睡着了，喙塞进了自己的羽毛之中，一只蹼足悬荡在身体下方。在这只绒鸭能够意识到自己所处的境地之前，它就被一张满是利齿、宽约一尺的大嘴给咬住了。惊恐中，这只绒鸭拼命地用翅膀拍打水面，使劲儿地用尚可自由活动的蹼足划动水面，试图飞离水面。竭尽全力之后，它开始从水面上飞了起来，但是鮟鱇鱼用自己全部的重量将其拖住，之后又拽了回来。

这只在劫难逃的绒鸭的大声鸣叫和拍打翅膀的声音惊动了自己的同伴，于是，水面剧烈翻腾，绒鸭群中的剩余成员纷纷起飞逃走，快速地消失于缭绕在海洋上方的薄雾之中。这只被捕的绒鸭一条腿被咬断，鲜红的血液从动脉上喷涌而出，血流不止。随着它的生命在不断流淌而出的鲜红血液中渐渐消逝的时候，它的挣扎也变得越来越有气无力，而它的大鱼对手力量上占了上风。路费恩将这只绒鸭拖入水下，拽着它从这团被鲜血所染红的水域游走了。而此时，受到血腥味的吸引，一只鲨鱼现身于昏暗的光线之中。鮟鱇鱼带着这只绒鸭来到了浅滩的底部，然后将其一口吞下，因为它的胃具有惊人的扩张力。

半个小时之后，那条正在沉船周围捕食小鱼的海鳟赛诺塞恩看到鮟鱇鱼返回了自己在玛丽B号船头下的洞穴之中，并且用手状的胸鳍将自己从海底推上来。它看到路费恩慢慢潜入船只的阴影中，船头下方的海藻轻舞摇曳，似乎是在迎接它凯旋。鮟鱇鱼会在这里懒洋洋地躺上好几天，慢慢消化它所享用的大餐。

白天的时候，水的温度有所下降，但是这细微的变化几乎不可觉察。而到了下午，退潮从海湾中带来了大量冰冷的洪流注入其中。到了晚上，受到寒冷的驱使，海鳟们离开了沉船，朝着海洋深处游去，行进了整整一夜，途经在其下方缓缓倾斜的平原。它们贴着光滑的沙质底部游走着，时而会往上游去，从而躲避小丘或者成堆的破碎贝壳。它们匆匆忙忙地向前行进，因为严寒刺骨，所以它们鲜少停下来休息。随着时间的流逝，它们上方的水域不断加深。

鳗鱼们一定曾经从这条路经过，穿过了成片的海底沙丘，沿着缓缓倾斜的海底草地和大草原一路前行。

在接下来的几天里，海鳟会停下来休憩或者觅食，它们常常会被其他的鱼群超越，也经常会遇到许多不同种类的鱼群在游走觅食。这些鱼儿来自于海岸线方圆数英里内所有的海湾与河流，大家来此都是为了躲避凛冽寒冬。有些鱼儿来自于遥远的北方，从罗德岛、康涅狄格州以及长岛的海岸地区而来。这些鱼儿是变色窄牙鲷，它们身体扁平，背部又高又拱，长着带刺的鱼鳍，全身都覆盖着片状的鳞片。每年冬天，变色窄牙鲷都会从新英格兰地区水域游到弗吉尼亚角的水域之中，然后到了春天再返回到北方的水域中产卵，沿途要么被困入陷阱之中，要么被迅速收起的围网缠绕起来。海鳟穿越大陆架游得越远，它们就会越频繁地看到变色窄牙鲷的队伍在它们前面绿茫茫的海水中前行。这些变色窄牙鲷体型较大，周身呈青铜色，它们在水中时而浮起，时而下沉，一会儿潜入海底翻找蠕虫、饼海胆以及螃蟹；一会儿又往上游到一英寻或者更远的地方津津有味地咀嚼自己的食物。

有时候，还会有鳕鱼群出现，它们从楠塔基特岛的浅滩地带来到这温暖的南部水域过冬。一些鳕鱼会在这个地方产卵，尽管此处似乎对它们的同类而言很是陌生。有时，洋流会将它们的幼鱼卷走，而这些幼鱼可能永远也不会回到鳕鱼的北方家园。

严寒不断加剧，仿佛是一堵墙，越过了海岸平原在海洋中前行，既看不见，也摸不着，然而却是如此真实的一个屏障，固若金汤，仿若石头砌成的一样坚实，没有一条鱼敢穿过去。在温和一些的冬天，鱼儿们会四散在大陆架之上——石首鱼会乖乖待在近岸的地方；比目鱼会遍布在全部的沙地上；变色窄牙鲷会跑到所有缓缓倾斜的山谷，因为那里有着丰富的海底食物；黑鲈鱼则会分布在每一块多岩石的地面上。但是今年，刺骨严寒将鱼儿们都驱赶走了，一英里又一英里，直至赶到大陆架的边缘地带——那里也是深渊的边缘。在那片平静的水域中，墨西哥湾洋流源源不断地提供着温暖的水流，于是鱼儿们也找到了冬日的庇护之所。

当鱼儿们从所有的海湾和河流而来，正沿着大陆架向前游走的时候，渔船则正驶向南方，朝着那里的海域行进。这些渔船又宽又矮，船身线条一点儿也不美观，在冬日的海洋中颠簸摇曳。这些渔船都是拖网渔船，它们从北方的许多港口来此，准备在鱼儿的冬日庇护所中大肆猎捕。

仅仅在十年之前，海鳟、比目鱼、变色窄牙鲷以及石首鱼一旦离开海湾和海峡地带后，便可以免受渔民用渔网捕捞的威胁。然后，有一年，渔船却出现了，后面拖拽着仿若长长的袋子般的渔网。这些渔船从北方来到此处，自海岸起一路上沿着海底撒网捕鱼。起初，它们一无所获。但是，就这样一英里接着一英里地前进着，它们朝着更远的地方行驶而去，最终它们的渔网里面载满了食用鱼。近岸鱼儿——夏季时分生活在海湾和河口的鱼儿——它们的冬日休憩地还是被渔民给发现了。

从那时起，拖网渔船每年冬天都会如期而至，然后猎捕数百万磅的鱼儿。此时，这些渔船已经启程，从北方的渔港向此处进发。有从波士顿而来专门捕捞黑线鳕的拖网渔船，有从新贝德福德而来专门捕捞比目鱼的小型拖网渔船，有从格洛斯特而来专门捕捞红色鲑鱼的渔船，还有从波特兰而来专门捕捞鳕鱼的渔船。在南部的水域中进行冬日捕鱼要比在斯科舍浅滩或者大浅滩更加容易一些，甚至要比在乔治浅滩、布朗斯或是英吉利海峡还容易。

然而今年的冬天格外寒冷，海湾全都冰封雪冻，海洋亦是狂风肆虐。鱼儿们都游到了很远很远的地方，有的游到了七十英里之外，有的游到了一百英里之外。它们沉入水面以下一百英寻，深藏在那片温暖的水域之中。

拖网从甲板一侧被抛了出去，甲板因为溅起的水花结了冰而变得甚是光滑。拖网的网眼因为结冰而变得硬邦邦的，所有的绳索和缆绳因为霜冻而嘎吱作响。拖网沉入了一百英寻深的水中，穿越了寒冰、冻雨、波涛汹涌的海水以及呼啸的海风，进入了一片温暖而又宁静的水域，那里处于深海的边缘地带，鱼群正在蓝色的暮光之中游走觅食。

15
回归之旅

鳗鱼回到产卵地的旅程被隐藏在深海之中。在十一月的那个夜晚，风和潮水给鳗鱼们带来了温暖海水的气息，于是它们离开了海湾入口处的盐沼，穿过海湾，朝着百慕大群岛以南与佛罗里达州以东五百英里处深深的大西洋盆地前进。没有人可以寻觅到它们的踪迹，也没有人知晓它们是如何游走穿行的。没有明确的记录可以说明其他鳗鱼群在秋天的旅行踪迹，这些从格陵兰岛来到中美洲大西洋海岸所有河流和溪流中的鳗鱼们，它们是如何奔游入海的。

没有人知晓鳗鱼们是如何到达它们共同的目的地的。也许，它们避开了浅绿色的表层水域，那里寒风肆虐，海水冰冷刺骨，而且明亮得仿佛它们所惧怕的山间溪流，它们不得不在白天潜入水底。也许，它们会在中层水域游走，或者会沿着缓缓倾斜的大陆架轮廓前行，它们从被淹没的山谷向下潜游，数百万年前，这些河流曾经在海岸平原上冲蚀出一条条水道。但是不知何故，它们来到了陆地的边缘，那里海墙泥泞的斜坡陡然向下延伸，于是，它们便朝着大西洋最为幽深的深渊前行。在那里，年轻的鳗鱼将会在深海的黑暗中诞生，而年老的鳗鱼则会逐渐死去，再次成为海洋的一部分。

在二月初，数十亿颗原生质微粒漂浮在黑暗之中，在海面下的深水水域中悬荡着。这些原生质微粒是刚刚孵化的小鳗鱼——这也是鳗鱼父母在世时所留下的唯一的东西。这些小鳗鱼生命之初便生活在表层水域和深渊之间的过渡水域之中。它们上方有一千英尺深的水域，过滤了太阳照射下来的光线。只有那些波长最长、亮度最强的光线穿过上方水域，方可抵达鳗鱼们所漂游的海域——那里寒冷而又贫瘠，只有一些微弱的蓝光和紫外线，其他所有的红光、黄光和绿光都被过滤掉了。在一天的1/20的时间里，黑暗被一种生动而又不可思议的蓝光悄然取代。但是，只有当太阳穿过天顶时，太阳直射的长光才能驱散黑暗，而深海的黎明之光与它的黄昏时刻被融合在一起。蓝光很快就消失了，鳗鱼又活在漫长的黑夜里，它比深渊更黑，那里的黑夜是没有尽头的。

起初，小鳗鱼们对它们所来到的这个陌生的世界知之甚少，只是被动地在水域中生活。它们不会觅食，只依靠残留的胚胎组织来维持自己那扁平如叶状的身体，因此它们并未成为任何邻居的敌人。它们不费吹灰之力地漂浮着，通过自己叶状的身体，以及自己身体组织的密度与海水密度之间的平衡，便可以恣意漂游。它们那小小的身体没有任何颜色，仿若透明的水晶一般。甚至它们极其微小的心脏中泵出的，在血管中流淌的血液也是毫无颜色的。只有它们那黑色的眼睛，小如针孔，带有些许颜色。正因为它们的身体透明无色，这些小鳗鱼才更适合生存在海洋的这片朦胧地带，因为只要它们与周围的环境颜色相近，融为一体，那么它们便可以避开那些饥肠辘辘的捕猎者，免遭毒手。

数十亿的小鳗鱼——数十亿双针孔般的黑眼睛，静静地凝视着深渊上的这个陌生的海洋世界。在小鳗鱼的眼前，成团的桡足类动物不断地振动着，跳着永不停息的生命之舞。当那缕蓝光自上射入水下的时候，它们水晶般的身体如尘埃一样闪闪发亮。明亮的钟状物体在水中有节奏地舒张及收缩着，这些脆弱的水母早已适应这里的生活，它们每平方英寸的身体要承受着五百磅重的海水压力。成群的翼足目动物，又称翼蜗牛，在光线射入水中之前便逃走了，它们从小鳗鱼眼前的上方水域中游了下来，它们的身体因为反射的光线而闪闪发亮，仿若一场形状奇异的冰雹雨——有的像匕首，有的似螺旋，还有的如圆锥，一个个仿佛玻璃般透明。虾群也赫然耸现——好似微光中惨白的鬼魅。有时候，这些虾群受到某些浅色鱼儿的追击，这些鱼儿嘴圆肉松，灰色的肋腹上长着一排排发光器，似珠宝般闪耀。还有，这些虾时常会喷出发光的液体，化作一团明亮的火云，从而扰乱视线，迷惑天敌。鳗鱼们所看到的大部分鱼儿都是身披银色鱼鳞，因为银色是最普遍的颜色，或者说是太阳光线所能到达的水域中的鱼儿的标志性颜色。小海蛾鱼就是如此，它们身体纤长，在水中到处游走时嘴巴大张，利齿闪闪发光，无休无止地追寻着猎物。其中，最奇怪的是一种身体只有人手指一半长的鱼儿，它们长着皮革似的皮肤，闪耀着青绿色与淡紫色相间的光芒，肋腹也闪亮如水银一般。它们的身体两侧细窄，边缘处逐渐变得尖细如锥形。当敌人从上方俯瞰它们时，它们什么也看不见，因为这种石斧鱼的背部呈蓝黑色，在黑暗的海域之中，仿若隐形，难以辨识。当海洋捕猎者从下往上仰望时，它们感到很困惑，无法准确地辨认出自己的猎物，因为石斧鱼那亮如明镜的肋腹会反射海水的蓝色，它们的轮廓便会消失于微光闪烁之间。

海洋中有一个大的生态群落，由层叠分布的一系列水平群落所构成，而小鳗鱼们就生活在这个生态群落的其中一层。表层水域上面漂浮着棕色的马尾藻，沙蚕在其叶片之间缠了好几缕蚕丝。而深渊底部的松软淤泥上，蜘蛛蟹和对虾摇摇晃晃地爬行着。

鳗鱼上方是一个阳光灿烂的世界，那里植物恣意生长，小型鱼儿在阳光下闪耀着绿色和蓝色的光彩，如水晶般透明的蓝色水母在水面上自在游弋。

接着是朦胧的地带，这里的鱼儿都呈乳白色或者银色，红色的对虾会产下亮橙色的卵，还有那圆嘴的浅色鱼儿，以及在昏暗水域中发出第一缕光辉的发光器官。

再往下就是第一层黑暗的水域，这里没有闪着银色光芒或乳白色光泽的鱼儿，所有生活在这里的生物都跟海水一样毫无生气，全是单调的红色、棕色以及黑色，这样它们就可以隐匿于周围的昏暗中，延缓葬身于敌人魔爪之下的时刻。在这里，红色的对虾还产下深红色的卵，圆嘴的鱼儿周身呈黑色，许多长着发光器官或大量纵横排列的小光点的鱼儿会以此辨识朋友或敌人。

在它们的下方便是深渊了，这是最原始的海床，也是整个大西洋最深的区域。深渊是一个变化缓慢的地方，岁月的流逝对其而言毫无意义，季节的迅速更迭亦是如此。太阳在这片幽深的区域中毫无用武之地，因此这里的黑暗无穷无尽，无始无终，暗得均匀而又纯粹。数英里之上的水面上，炎热的太阳炙烤着海域，但是也无法削弱深渊水域的阴冷冰寒，无论是夏天或是冬日，无论经历了多少年，多少个世纪，抑或是多少个地质时期，这片水域的温度也不会有太大的变化。沿着海洋盆地的底部，那冰冷刺骨的洋流缓缓地向前行进着，仿若时间本身的流逝一般，从容不迫，不可阻挡。

在数英里之下的水域中——总共超过四英里深——那里便是海洋的底部，上面覆盖着很久很久以前就沉积在此处的淤泥，松软而又厚实。大西洋最深的地方铺满了红色的黏土，那是种浮岩状的沉积物，那是海底火山一次次喷发而出的产物。和浮岩混合在一起的是铁和镍组成的球状体，它们来自于某个遥远的恒星，曾在数百万英里之外的星际中穿行，然后毁灭于地球的大气层之中，最后葬身于深海底部。在大西洋碗状边缘的远处，那里底部的淤泥很厚实，其中积满了表层水域小型海洋生物的残骸——包括星形有孔虫的外壳、藻类和珊瑚的石灰质残余、放射虫的燧石样的骨骼，以及硅藻类的细胞壳。但是，在这些脆弱的物质结构落到深渊最深的海床之前，它们就会被降解，与大海融为一体。在它们到达那片冰冷静谧的深处之前，尚未被降解的有机物残余中，几乎就只有鲸鱼的耳骨和鲨鱼的牙齿了。在这片红色的黏土之中，在这黑暗而又静谧的深处，埋藏着远古鲨鱼的遗骸，这些鲨鱼或许在鲸鱼出现前就已经生活在海洋之中，或许比大型蕨类植物在地球上茂盛生长的时间更早，甚至要比煤矿形成的时间早一些。所有这些鲨鱼的肉体在数百万年前已经回归海洋，被一次又一次地用来塑造其他的生物，然而它们的牙齿却仍旧零星分布在深海红色的黏土淤泥之中，上面包裹着从遥远的恒星而来的铁沉积物。

百慕大以南的深渊是从大西洋西岸和东岸而来的鳗鱼群的汇合地。在欧洲与美洲之间的海洋中还有其他的大型深渊——海底起伏山脉之间的下沉裂缝——但是，只有这个不仅足够深，而且足够温暖，可以为鳗鱼们提供产卵时所需要的条件。因此，每年来自欧洲的成年鳗鱼会向这里启程，穿越三四千英里的浩瀚海洋；同时，来自美洲东部的成年鳗鱼每年也会出发来到此地，仿佛双方约好要彼此相会一般。在马尾藻恣意漂游的海域最西端，一些鳗鱼汇合在一起，然后进行交配——这些鳗鱼是那些从欧洲出发向西游得最远的，以及那些从美洲出发向东游得最远的，直至彼此相遇。因此，在鳗鱼们广阔的产卵地中部，两种鳗鱼的卵和幼鱼会并排漂浮在水中。它们的外表是如此相似，只有小心翼翼地去数组成它们脊椎骨的椎骨数量和脊柱一侧的肌肉数量方可将它们区分开来。然而，在幼鱼阶段即将结束的时候，一些鳗鱼会出发寻找美洲海岸，而其他的鳗鱼会奔游前往欧洲海岸，没有任何鳗鱼会偏离方向，误入对方的地盘。

一年中几个月的日子恍然而逝，小鳗鱼们一个接一个地长大了，身体越来越长，也越来越宽。随着它们的成长，它们身体的组织密度也发生了变化，可以漂游到光线充足的地方。从海底向上升游的过程，就像是在北极的春日里穿行一样，日照时间正在逐日增加。一点一点地，正午时分那片蓝色的迷蒙不断延长，而漫长的夜晚则渐渐缩短。不久之后，鳗鱼们就游到了绿光所能照射到的水域，第一缕绿光自上倾洒而下，使蓝光也有了一丝暖意。于是，它们游入了漂浮着植物的那一层，开始搜寻自己的第一顿美食。

这些植物极其微小，如球状一般漂浮在水中，它们从被海水过滤之后残存的阳光中吸收了足够的能量，以此来维持自己的生命进程。古老的棕色海藻细胞上，小鳗鱼们首先靠其来滋养自己如玻璃般透明的身体。这种植物已经存活了数百万年了，具体时间难以估量，在第一条鳗鱼或者任何一种脊椎动物进入地球上的海洋之前，它们就已经存在了。在这无涯的时间里，尽管一批又一批的生物繁荣兴起，而后衰落灭亡，这些含有石灰的海藻却一直持续不断地生活在海洋中，形成了自我保护的石灰质的小护罩，而且这些小护罩的形状和形态与它们早期的祖先的一样，从未改变。

不仅鳗鱼们在海藻上面游走觅食，在这片蓝绿色的水域中，到处都是桡足类动物和其他的浮游生物，它们都会咬食漂浮的植物。水中还零星分布着一群虾状的动物，它们会捕食桡足类动物。银光闪闪的小型鱼类会在水中追捕虾，将海水点亮。小鳗鱼自己又是饥肠辘辘的甲壳类动物、枪乌贼、水母以及会咬食的蠕虫的猎物，而且它们还要提防许多张着血盆大口在水中游荡的鱼儿，它们会用嘴巴和鳃耙将海水滤出，把猎物吞入口中。

到了仲夏时分，小鳗鱼们长到了一英寸长。它们形如柳叶——这是在洋流中漂游的最佳体型。现在，它们升游至海洋的表层水域，在这片明亮的绿色水域中，它们那黑色的小点似的眼睛就会被敌人所察觉。它们感受着海浪的涌起和翻滚，也体验了正午时分阳光在远海澄澈的海水中的耀眼光辉。有时候，它们会游入恣意漂浮的马尾藻丛中间，或许是为了在飞鱼的巢穴下寻求庇护；有时候，在开阔的水域，它们会藏入蓝色帆船的阴影下或躲入僧帽水母的浮囊下。

在这些表层水域之中，洋流奔流不息，小鳗鱼们也被洋流载着一同向前漂游。无论是来自于欧洲的小鳗鱼，还是来自于美洲的小鳗鱼，它们都被卷入了北大西洋洋流的漩涡之中。它们从百慕大南部的海水中获得源源不断的供给，不计其数的小鳗鱼也加入其中，鳗鱼队伍在海洋中穿行着，仿若一条波澜壮阔的河流。在这条生命之河中，至少在某个部分，两种类型的鳗鱼是并排而行的，但是如今，它们已经可以轻易地被区分开来，因为来自美洲的小鳗鱼个头已经是它们欧洲同伴的两倍了。

洋流从南方朝着西方和北方移动，绕着大圈迅猛前行。夏天即将结束，海洋中的一切都已经逐一播种、收获——春天的硅藻、在丰富的植物上生长且大量繁殖的成群的浮游生物，以及以浮游生物为食的各种各样的幼鱼。此时，秋日的静谧即将莅临海洋。

小鳗鱼们距离自己最初的家园已经很遥远了。渐渐地，鱼群开始兵分两路，一路向西，一路向东。在此之前，鳗鱼群里一定发生了某些微妙的变化，以此来回应快速增长的鳗鱼队伍——它们这支宽阔的“生命之河”在表层水域中流动着，有某种东西引领着它们一直向西。随着时间的推移，它们幼鱼时期那叶状的体型逐渐改变，变成了像自己父母一样的圆润、婀娜，而且它们想要寻找更淡更浅的水域的冲动也越加强烈。现在它们发现了未曾使用过的肌肉里潜藏的力量，于是它们逆着强劲的风和洋流，朝着海岸游去。在盲目而又强大的本能的驱使下，它们那玻璃似的小身体的每一个动作都下意识地朝着一个目标而努力，尽管这个目标它们之前未曾经历，也不甚清楚。但是，这是一种深深印刻在它们种族记忆中的东西，它们中的每个成员都会毫不犹豫地朝着海岸进发，它们的父母便是从那里而来的。

一些从属于大西洋东部的鳗鱼仍然漂流在大西洋西部的鳗鱼群中，但是它们当中却没有一个有想要离开深海的冲动。它们身体生长和发育的整个进程都已经变得甚是缓慢。再过两年的时间，它们才能准备好，转变成成年鳗鱼的模样，然后再向淡水生活过渡。因此，它们就这样在洋流中被动地漂游着。

朝着东方进发，横跨半个大西洋的是另外一小群叶状的迁徙者——它们是去年孵化的鳗鱼。再往东一些，在欧洲海岸所在的纬度地区，仍有另外一群漂游着的幼鳗，它们比上一群鳗鱼年长一岁，已经长到了成年鳗鱼的长度。在这个季节中，第四群小鳗鱼已经到达了它们那伟大旅程的终点，即将进入海湾和水湾地带，沿着欧洲河流向上攀游。

对于要到达美洲的鳗鱼而言，它们的旅程则更加短暂。到了隆冬，它们的队伍已经沿着大陆架，朝着海岸前进了。虽然寒风在海上肆虐，海水冰冷刺骨，太阳亦是遥不可及，但是这些迁徙的鳗鱼仍然在表层水域中游走着，此时它们已经不再需要自己出生时所处海域的那种温暖了。

当小鳗鱼朝着海岸游去的时候，它们下方游着另外一群鳗鱼。这群鳗鱼刚刚成年，身披鳗鱼所特有的银黑相间的鱼鳞，光彩熠熠，正朝着它们的出生地前进。这两群鳗鱼擦身而过却并未认出彼此——它们是两代鳗鱼——一群年轻，正要迈入新的生活；而另一群年长，即将隐匿于深海的黑暗之中。

当这群鳗鱼接近海岸的时候，它们下方的水域就越来越浅。小鳗鱼已经发育成了新的模样，从而可以从河流逆流而上。它们叶状的身体变得更紧致，与之前相比更短也更窄，以至于扁平的叶状变成了厚实的柱状。它们幼鱼时期大大的牙齿已经脱落，头部变得更加浑圆。它们的脊椎处出现了零散分布的小小的色素细胞，但是小鳗鱼身体的大部分仍然透明如玻璃一般。在此阶段，它们被称为“玻璃鳗”，又称幼鳗。

现在，它们在三月灰暗的海洋中等待着，这些来自于深海中的生物准备向陆地进军。它们在沼泽、河道支流、墨西哥湾野生稻田旁，以及南大西洋的水湾处耐心等待着，准备冲入海湾，冲入河流入口边缘那绿色的沼泽地里。它们在冰封雪冻的北部河流处等待着。河水奔涌而下，化作滔滔春汛，如伸长的手臂一般将淡水推入海洋之中，以至于鳗鱼们在品尝到这奇异的淡水滋味后，兴奋得朝着源头进发。成千上万条鳗鱼在水湾入口处等待着，而一年多前，安圭拉和它的同伴就是在此处朝着深海出发的。它们盲目地顺从着种族延续的目标，如今这个目标在幼鳗的回归之中已经实现。

这些鳗鱼正朝着陆地上的一个地方靠近，那里伫立着一座颀长的白色灯塔。海鸭可以看到灯塔，它们是一种花斑长尾鸭，每天下午从近岸的觅食地出发，到了黄昏时分返程，途中它们便会猛烈地拍打着翅膀，冲入空中，在海面上高高盘旋之时便会瞧见这座灯塔。啼鸣的天鹅也可以看到灯塔，它们的队伍在春季迁徙中向北方飞去的时候，太阳正从碧绿的海上升起，风景如画。这些天鹅从卡罗来纳海湾而来，朝着北极的荒芜之地前进，当领头的天鹅在看到灯塔的时候，它连着啼鸣了三声，因为这意味它们即将到达漫长旅程中的第一个休憩地。

潮汐随着月盈而奔涌得极高，所有的河流都在洪水泛滥。退潮时，淡水的味道猛烈地涌入躺在海湾入口处水域的鱼儿口中。

在皎皎月光下，小鳗鱼看到水中挤满了许多大鱼，大腹便便，银鳞闪闪。这些鱼是西鲱，它们从海洋中的觅食地返回，正等待着冰雪从海湾中冲流而出，好让它们可以游到河流上游，产卵繁殖。成群的石首鱼漂游在底部，它们的鼓状物在水中发出隆隆的振动声。石首鱼、海鳟以及斑鳟从它们近海地区的冬日栖息地游过来，正在海湾里寻找觅食之地。其他鱼儿则是游入潮流之中，头部逆着水流，期待捕食一些被急流裹挟而来的小型海洋动物，但是这些却是鲈鱼，它们属于海洋，从不会沿着河流溯游而上。

随着月亮渐亏，潮汐的奔涌逐渐减弱，幼鳗拼命朝着海湾入口游过去。不久之后，在某个夜晚，大部分冰雪都已经消融，化作水流奔涌入海，当月光渐淡、潮水渐弱的时候，一场温暖的雨水将会从天而降，雾气弥漫，花蕾初绽，空气中沁着甜苦参半的芬芳。然后，幼鳗们会涌入海湾，沿着海岸前行，寻找属于自己的河流。

有些幼鳗会在河流入口处徘徊，因为那里的水中掺杂着海水淡淡的咸味。这些是雄性幼鳗，它们对陌生的淡水感到很排斥。但是雌性幼鳗会继续前进，逆流而上。它们会像自己的母亲当初从河流漂游下来一样，在夜间快速地行进。它们的队伍绵延了数英里，沿着河流和溪流的浅滩蜿蜒向上，每条幼鳗都紧紧地跟随着游在自己前面的另一条鳗鱼的尾巴，整个队伍仿佛一条巨蟒。任何困难和障碍都无法阻止它们前进的步伐。它们会被饥肠辘辘的鱼儿捕食——鳟鱼、鲈鱼、小梭鱼，甚至是年长的鳗鱼都会以它们为食；在水边觅食的老鼠、海鸥、鹭、翠鸟、乌鸦、鹡鸰以及潜鸟也都对它们虎视眈眈。它们会蜂拥奔涌至瀑布，在苔藓丛生、水花四溅的湿漉漉的岩石间攀游，还会扭动着身躯前往水坝的溢洪道。一些鳗鱼会继续游走数百英里——这些深海中的生物会遍布所有的陆地，而这些陆地之前曾被海洋多次淹没。

鳗鱼们待在远离海岸的三月的海洋之中，等待着它们进入陆地水域的时机，这个时候，海洋也在焦躁不安地等待着，等着再次入侵海岸平原，爬上山麓两侧，拍击山脉基底的机会。正如鳗鱼在海湾入口处的等待，仅仅只是它们跌宕起伏的漫长生命中的一个小插曲，海洋、海岸与山脉之间的关系亦是如此，也不过是地质时期的短暂一瞬。因为，山脉终究会因海水无休无止的侵蚀而毁灭，化作泥沙被带入海洋之中；而所有的海岸会也终究会被海水淹没，岸上所有的城镇亦会回归海洋的怀抱。

词汇表

Abyss 深渊

海洋中央位置的深处，被大陆坡陡峭的崖壁所包围。深渊的底部是一片广阔而又荒凉的平原，一般位于海底下大约三英里深的地方，偶尔会有一些海底山谷或峡谷，其深度便会下降至五六英里。深渊的底部覆盖着一层深厚、松软的沉积物，由无机黏土和不可溶解的微型海洋生物的残骸组成。整个深渊漆黑一片，到处冰冷，始终如一。

Alga 海藻

海藻属于植物界四大门类中的第一大类，是最简单的植物，也可能是最古老的植物。它们没有真正的根、茎或是叶子，但通常会由一个简单的叶状植物体所构成。它们的大小各异，有微小的球状海藻，也有几百英尺长的巨型海藻。（见“昆布”）

Amphipod
片脚类动物

片脚类动物与螃蟹、龙虾和虾属于同一大类，它们组成了一大群的甲壳纲动物。这些动物身体扁平，表面覆盖着光滑、柔韧的外皮，且外皮被分为多个小节，这可以使它们在跳跃或游泳时身手敏捷，具有惊人的灵活性。片脚类动物大约有三千种，大多数生活在海洋或者海之边缘。其中人们最为熟悉的或许就是沙蚤了。麦秆虫也是片脚类动物，这种物种常常用后腿将自己附着在一片海藻上，然后将身体直直地舒展开来，以至于它很容易就被误认为是海藻的枝干。麦秆虫大约有半英寸长。

Anchovy 鳀鱼 一种银色的小鱼，形似鲱鱼。它们通常成群结队地游走，许多大型鱼类会以它们为食。普通的鳀鱼有两到四英寸长。

Angler fish 鮟鱇鱼 鮟鱇鱼声名狼藉，因为它们或许是最丑陋、最令人厌恶以及最贪婪的鱼类了。鮟鱇鱼的头部占据了身体的一半，而头部很大一部分都被嘴占据，因此它们有一个俗名叫作“全嘴鱼”。鮟鱇鱼在大西洋两岸出没，体长可达四英尺。

Anguilla 鳗鲡 普通鳗鱼的学名。

Aurelia 海月水母 一种扁平的碟状水母，身体呈白色或者蓝白色，直径可达一英尺。与许多其他水母不同的是，海月水母的触须很小，而且不显眼。它一般在大西洋和太平洋海岸出没。

Avens,mountain 仙女木 蔷薇科中的一种低矮、耐寒的灌木，也称“野生水苏”，生长于北极和北温带地区。花朵较大，呈白色，据说叶子是雷鸟在冬天的一种主要食物。

Barnacle 藤壶 尽管藤壶被包裹在坚硬的外壳里，但是它并非如许多人所认为的那样，与牡蛎和蛤蜊同属一类。它其实是甲壳动物，因此与螃蟹、龙虾以及水蚤才有亲缘关系。当藤壶没入水中时，它们的外壳会保持张开。它们的腿上长着如鸵鸟的羽毛般纤细的刚毛，腿会有节奏地向外伸展着，不仅为细丝中的血液输送氧气，而且可以将可食用的小动物踢入口中。退潮时分，生活在潮汐线之间的藤壶会咔嗒一声，响亮地合上它们的外壳。

Basket starfish 筐蛇尾　海星的一种，其腕错综复杂地交叉缠绕着，靠顶着腕尖行走。一些鱼儿不幸误入筐蛇尾如灌木丛状的那团腕之中，便会被其所捕食。它主要分布在长岛东部以北的近海水域中。

Beroë 瓜水母　一种体形较大的栉水母（大约有四英寸长），主要以自己的近亲为食，常常吞食体型与自己一般大小的猎物。这种类型的栉水母在七月和八月会大量出现在新英格兰地区的水域中。在一天中最温暖的时候它们会漂浮在水面上，而当水温降低或者波浪汹涌的时候，它们就会沉入水中深处。

Big-eyed shrimp 大眼虾　在这些虾状的甲壳动物几乎透明的身体中，它们的大眼睛看着十分显眼，因而它们才被如此称呼。特别有趣的是，大眼虾身上的磷光斑点的数量和排列方式会随着物种的不同而有所变化。这些大眼虾会成群地出现在水面上，通常它们会和鱼群一起出没，有时候还有一大群海鸥相随。它们时常出现在潮水的激流之中。

Blenny 鲇鱼　这种小鱼生活在潮汐线以下三十到五十英寻深的海藻和石头之间，有时候甚至能生活在更深一些的地方。它们的身体细长，有点像鳗鱼的样子，鱼鳍几乎有整个背部那么长。

Brant 黑雁　浅浅的沿岸海湾是这些黑灰相间的雁最理想的觅食之所。它们最喜欢的食物是大叶藻的根部和靠近根部的茎干，只要在水足够浅的地方，它们会扎入水中，在里面翻找大叶藻。它们的迁徙路线是从美国弗吉尼亚州和北卡罗来纳州出发，途经科德角、圣劳伦斯湾和哈德逊湾，最终到达格陵兰岛和最北部的北冰洋岛屿。

Brown algae 褐藻　褐藻中有一个种群（称为“圆形石灰搬运工”），其成员会在表面结出一层石灰质的盾牌，形成一种出色的防御铠甲。在古老的地质沉积物中，人们发现了这些石灰质盾牌的残余，其年代至少可以追溯到寒武纪。而现在的褐藻和它们的史前祖先在结构上基本是相同的。

Bryozoa 苔藓虫　一种生活在海洋和淡水中的动物，通常它们的身体呈精密的树枝状或者苔藓状。早期的博物学家认为它们是植物。有些苔藓虫在石头和海藻上形成类似花边状的石灰质硬壳。苔藓虫是一种非常古老的生物。

Byssus thread 足丝　某些贝类，如蛤蜊和贻贝等，具有一种腺体（尤其是在幼儿期），能够从中分泌出一种液体，液体与海水接触会硬化成坚硬的丝或线状物。这条丝状物就被称为足丝，主要用来帮助贝类保持稳定，以免被海浪或潮汐冲走。

Calanus 哲水蚤　一种小型的桡足类甲壳动物（大约八分之一英寸长），在一年中的某些季节，会在新英格兰海岸地区大量出没。它的经济价值相当可观，因为它是鲱鱼和鲭鱼的主要食物之一，也是格陵兰鲸鱼的主要食物之一。（见“桡足类动物”和“甲壳动物”）

Ceratium 角藻　一种单细胞生物，直径约为百分之一英寸，植物学家和动物学家都声称其属于自己的研究领域，但是它通常被认为是一种动物。它会发出极强的磷光，在其大量聚集的时候，一旦受到惊扰，它们便会闪耀着荧荧光彩。

Cero 大马鲛　鲭属中的一种鱼类，体型较大，周身呈银色，主要生活在南部水域之中。它的另一个俗名是“马王鲛”。它是一种强壮而且充满活力的捕食者，常常在成群的油鲱中间出没。

Chara 轮藻　这种淡水藻类会在池塘或者湖泊处形成水下草甸，从含有石灰的土壤中吸收水分。由于石灰中的碳酸盐沉积在其组织中和表面上，所以这种植物的特点是粗糙和易断。在某些水域中，轮藻中会有大量泥灰岩的沉积，这是一种易碎的石灰质物质，可作为肥料，用于缺少石灰的土壤之中。轮藻的小叶会从茎部的中间长出来，一簇簇的呈烛台状，其子实体则会让人想起针头大小的半透明的日本灯笼，有些呈橙色，有些呈绿色。

Chela 螯　　龙虾身上一种钳子状的大爪子，其肌肉被认为是这种动物身上最适宜食用的部分。螯是一种十分有效的武器，既可用来防御，亦可用作进攻。

Chitin 几丁质　　一种角质物质，形成了昆虫、龙虾、螃蟹等动物外壳中较为坚硬的部分。

Chlorophyll 叶绿素　　植物中的绿色色素，在叶子产生淀粉和糖的过程中起着至关重要的作用。

Cilium 纤毛　　从细胞里面长出的一种细小如发丝的突起。纤毛通常会大量出现，通过有节奏地拍击运动来形成水流。一些单细胞的动物和植物，以及一些高等形态的幼虫都通过纤毛来移动。

Cockle 鸟蛤　　一种有着心形壳的软体动物，壳上通常长着放射肋，内外都是这种漂亮的标记。与蛤蜊等贝类相比，鸟蛤更加活跃，会以惊人的跳跃和下坠沿着水底前行。这些动作都是通过先向外伸出一只肌肉发达的“脚”，然后将其弯曲到壳内，再突然将其伸直而实现的。

Congerell 康吉鳗　　康吉鳗只在海洋中生活，在美洲的海域中的康吉鳗体重可达十五磅或者更多，而在欧洲水域中的康吉鳗体重可达一百二十五磅。康吉鳗食欲旺盛，十分贪婪。

Continental shelf 大陆架　从潮汐线以下到深约一百英寻处缓缓倾斜的海底被称为大陆架。在美国的一些地方，大陆架大约有一百英里宽；在其他的地方，比如在佛罗里达海岸，大陆架就只有几英里宽。大陆架中的许多部分在相对较近的地质时期都是陆地。大部分的海洋商业渔场都仅限于大陆架上方的水域。从大陆架边缘到海洋深渊之间更加陡峭的斜坡则被称之为大陆坡。

Copepod 桡足类动物　甲壳动物中的一个亚纲，体长不足五分之二英寸，而且大部分桡足类动物都比这个尺寸要小很多。许多桡足类动物都是自由游动的浮游生物；一些会寄生在其他生物的身体上，通过寄主来回移动，但是不会对寄主造成损害；一些会寄生于鱼鳃、鱼皮或者鱼肉中。它们是海洋食物链中最为重要的环节之一，为许多以它们为食的幼鱼和其他生物提供食物。

Crab larva 幼蟹　刚孵化的螃蟹是一种身体透明的大脑袋生物，与它们的父母没有相似之处。随着它们不断长大，它们必须脱落覆盖在身上那坚硬的如同盔甲的角质层，因此它们会经历多次蜕皮，每一次蜕皮都会使它们更接近螃蟹的体型。它们的早期生活在水面附近度过，恣意游走，积极活跃，从周围的水域中捕食较小的生物。

Crane fly 大蚊　成年大蚊是一种腿很长，形似蚊子的昆虫，它们时常出没在黄昏时分的溪流附近，天黑之后则会在光源周围飞行。

它们的幼虫生活在水中或者潮湿的地方。

Croaker 石首鱼　一种在新英格兰地区南部的大西洋海岸数量丰富的鱼类，其俗名来源于它的叫声，它利用鼓动鳔而发声，鱼鳔（脊椎骨下一个气球状的囊）上长着一对特殊的肌肉，可以发出咕噜声或者呱呱声。它那鼓声似的叫声能够在水下传播相当远的距离。石首鱼另外一个俗名是“硬头鱼”，尤其在切萨皮克湾地区较为常用。

Crowberry 岩高兰　一种低矮的常绿灌木，生长在从阿拉斯加州到格陵兰岛的北极地区，最南到美国北部也发现了这种植物。其果实是北极鸟类最喜欢的食物。

Crustacean 甲壳动物　长着分段外壳和分节附肢的动物是节肢动物；生活在水中，靠着鳃来呼吸的节肢动物就是甲壳动物。常见的甲壳动物有龙虾、藤壶、虾和螃蟹。

Ctenophore 栉水母　一种像水母一样的海洋动物。大多数栉水母呈圆柱形或者梨形，通过拍打发丝状的纤毛来游动，这些纤毛纵向排列了八缕，因此它们才被称为“栉水母”。它们会在阳光下闪耀着五彩斑斓的光彩，在黑暗之中通常会发出磷光。栉水母具有很高的经济价值，它们会吃下大量的幼鱼。

Cunner 青鲈　一种身体厚实，背鳍长而多刺的鱼类，尤其会在拉布拉多与新泽西之间海域的码头桩子和海堤周围出没，有时候也会出现在近海地区。

Curlew 杓鹬　一种长着长喙的大鸟，与鹬属于同一大类。冬季，杓鹬会在南美洲的太平洋海岸四处活动，然后它们会从那里出发，沿着太平洋海岸或者沿着中美洲、佛罗里达州以及大西洋海岸迁徙到北冰洋海岸，最后在那里繁衍后代。在过去的一个世纪里，长喙杓鹬和极北杓鹬几乎已经灭绝，但是仍有相当数量的赫德逊湾杓鹬还存活着。

Cyanea 霞水母　这是大西洋海岸海域中最大的水母。在寒冷的北部水域中，它们钟状的身体可达七英尺半，其触须长达一百多英尺。它庞大的身体中大约百分之九十五都是水。霞水母一般的大小都是三到四英尺宽，触须长约三十到四十英尺。接触到其触须的时候，会产生一种剧烈的灼烧感，因为触须上蜇人的细胞会释放出数百枚小“飞镖”。在北部水域中的霞水母呈红色，但在南部水域中的霞水母则呈浅蓝色或者乳白色。

Desmid 鼓藻　一种小型的单细胞淡水藻类，通常形状优美，仿若新月、星星或者三角形，颜色呈鲜绿色。

Diatoms 硅藻　一种单细胞藻类，在普通海藻所具有的绿色色素上覆盖了一层黄褐色。硅藻的细胞壁含有二氧化硅，死后细胞壁会沉积到海底，形成可以用作抛光粉使用的硅藻土。在落基山脉下三百英尺深的地方，人们已经发现了硅藻土层。硅藻是水生生物食物链中必不可少的第一环节，可以为以它们为食的动物提供水中的矿物营养。

Dovekie 海鸠　　一种比旅鸫更小一些的海鸟，与海雀和海鹦同属一个种类。它们上岸只是为了筑巢。在海洋中，它们是潜水专家，能够用自己的翅膀在水中游泳，而不是像它们的远亲潜鸟一样用双脚来游泳。

Dowitcher 瓣蹼鹬　　一种中等体型的长喙滨鸟，是鹬的一种。迁徙期间，会出没于大西洋海岸。瓣蹼鹬会在佛罗里达州、西印度群岛和巴西过冬，据说其会在加拿大北部和哈德逊湾东部筑巢。

Dragonfish 海蛾鱼　　尽管这种鱼外表凶猛，但只有生活在深海的小型鱼类才会害怕这种海蛾鱼（又称“蝰鱼”），因为它只有一英尺长。它的一生可能都会在海底下一千多英尺深的黑暗区域内度过。

Egret, snowy 雪鹭　　雪鹭常常被称为“最娇俏优雅的鹭”，因为人类想要获取它处于繁殖季的那身美丽羽毛，以至于它曾因人类肆无忌惮的杀戮而濒临灭绝。雪鹭看上去很像小青鹭，但是它们的脚是黄色的，可以以此区分两者。

Eider 绒鸭　　一种真正的海鸭，在往新英格兰地区和中大西洋海岸进行冬季迁徙的期间，它们的大部分时间都是在近海地区度过。通常它们会在贻贝床上活动，潜入水中，捕获食物。

这种海鸭毛是制造美国鸭绒的主要材料来源。

Fathom 英寻　一种海洋测量单位，一英寻等于六英尺。

Fiddler crab 招潮蟹　一种生活在沙滩和盐沼上的小型群居的螃蟹。雄性的招潮蟹，其中大一点的一只爪子可以用来防御和攻击。拥有这种形似小提琴的螯在某种意义上对雄性招潮蟹而言是一个缺点，因为它只剩下一只螯来捕食了，而雌性招潮蟹却有两只螯可以捕食。招潮蟹通常大量群居在潮汐线之间，每只招潮蟹都有自己的小洞穴。

Fluke 比目鱼　这个名字常常被用来指在中大西洋和切萨皮克湾地区的夏季比目鱼（犬齿牙鲆）。这是比目鱼中一种更加活跃、更加食欲旺盛的食肉比目鱼，有时候它们会在海面上追逐成群的鱼儿。它具有像变色龙一般的能力，可以将自身颜色变成与周围环境一致的颜色。比目鱼的平均大小约为两英尺长。

Foraminifera 有孔虫　一种单细胞的动物种群，通常长着具有许多孔隙或开口的石灰质外壳，生命物质或者原生质漫长的变化过程会从这些孔隙中涌出。这个过程的效果极其美丽。在这些小生物死后，它们的壳会沉入海底，形成白垩海床或者石灰石的沉积，其厚度可能会达到一千英尺。埃及的金字塔就是由有孔虫的化石所形成的巨大石灰岩所建造的。

Frustule 硅藻细胞　硅藻的壳，由两个重叠的部分构成，仿若一个盒子及其盖子。它几乎是由纯二氧化硅组成的，所以几乎不可摧毁。这些壳的形状各异，其图案也是精雕细琢，丰富多彩。这些纹路有时候会被用来测试显微镜镜片的功能。

Fulmar 暴风鹱　远海的一种鸟儿，与海燕和剪水鹱同属一类。它比银鸥个头要小一些，大部分时间都挥着翅膀在空中翱翔，在暴风雨天气中尤为活跃。在夏季，它一般出没于格陵兰岛、戴维斯海峡和巴芬湾；而到了冬季，它的主要休憩地便是美洲海岸附近，尤其是大浅滩和乔治斯浅滩。

Gannet 塘鹅　在大西洋的岸边，塘鹅只在圣劳伦斯湾的岩石悬崖上筑巢，它们会从美国的北卡罗来纳州飞到墨西哥湾过冬。塘鹅是一种远海上的白色大鸟，获取食物的时候，它们常常会先飞到一百多英尺的高空，然后再猛地向下俯冲，潜入水中。有时候，由数百只成员组成的塘鹅群会攻击成群的鲱鱼或者鲭鱼。

Ghost crab 沙蟹　一种巨大的螃蟹，周身呈浅淡之色，生活在沙滩之上，几乎似隐身一般。从美国新泽西州到巴西，都可以见到它的身影，它也是我们南部沙滩上的常住居民，非常小心谨慎，可以将矫健的奔跑者远远地甩在身后。虽然它在必要的时候会毫不犹豫地进入水中，但是它还是多生活在潮汐线之上大约三英尺深的洞穴之中。

Gill net 刺网

刺网可以被锚定在水底，抑或漂浮在水面，抑或漂浮在任何深度的水中，但是无论在什么情况下，它就仿佛网球网一样被安置在水中。鱼儿闷头从网眼穿过的时候，便会被刺网捕捉，因为它们的鳃盖像襟翼一般微微突出，会卡在网眼之中。流刺网要负重，这样才能沉入水底，随着潮汐漂移。

Gill raker 鳃耙

呼吸时，鱼儿先通过嘴吸入水，然后通过鳃孔将水排出，最后鳃孔两侧纤细的鳃丝会吸收水中的氧气。鳃耙是一个骨质的突起，位于鱼体内通向鳃孔的入口处。它的作用是将食物有机体从水中滤出，也保护鳃丝免受伤害。它曾被比作人类身上的会厌，可以阻止食物进入气管。

Glassworm 箭虫

又称为矢虫或者箭矢虫。这些细长而又透明的小型蠕虫只生活在海洋之中，从海面到海洋深处都有它们的身影。它们是凶猛而又活跃的捕食者，可以吃掉大量的幼鱼。

Grebe 䴙䴘

在水面上的䴙䴘和鸭子看起来大体相似，但是如果它受到惊吓，便会潜入水中，而不是展翅飞走。它们可以在水底下游很远的距离，而且被渔民的渔网抓住也甚是常见。通常在湖泊、池塘、海湾和海峡处都可以看到它们的身影，一些䴙䴘甚至会冒险游到五十英里或者更远的海域上。

Gyrfalcon 矛隼

一种周身大部分呈白色的大型北极猎鹰，主要靠猎食小鸟和旅鼠为生。它偶尔会向南飞去，飞到新英格兰地区、纽约和宾夕法尼亚州北部过冬。

Haddock 黑线鳕　鳕鱼科的一种，几乎完全生活在大陆架上方的海底，任何深度的海域皆可。有记录以来，最大的黑线鳕有三十七英寸长，二十四磅半重。

Hake 无须鳕　和黑线鳕一样，无须鳕也是鳕鱼科的一种，虽然其外表上一点也不像鳕鱼，因为它更加纤细，尾部细长。它的一个特征就是长着长长的仿若触须般的腹鳍，通过腹鳍无须鳕便可探测到海底猎物的存在。

Hatchet fish 石斧鱼　一种扁平的银色深海鱼，长着高度发达的发光器官。

Hermit crab 寄居蟹　这种稀奇古怪的螃蟹生活在蜗牛状的软体动物的壳里，拖着这个“房子”前行，从而保护它们脆弱的腹部，那里只覆盖了一层薄薄的皮肤。当寄居蟹长得太大而“房子”无法容纳的时候，它就必须寻找一个新的“房子”，并且会谨慎地检查这座可能被居住的房子。一旦做出选择，寄居蟹就会以惊人的速度从旧房子里冲出来，跑到新房子里面。据说，寄居蟹不仅会居住在空无一物的壳里面，还可能会将壳中原来的合法主人强行赶走。

Holdfast 固着器　藻类和其他简单植物上的一种根状的结构，可使其附着在底层。

Hook-eared sculpin 钩耳杜父鱼　一种稀奇古怪的鱼，长着扇形的胸鳍，脸颊上有明显的钩。这是一种冷水鱼，从拉布拉多南部到科德角和乔治斯浅滩都可见到它的踪迹。

Hydroid 水螅虫　一种长得如同植物般的动物，是水母的一种。其身体一端可附着于其他物体上，另一端通常有一个布满触须的嘴。当水螅虫成群出现的时候，看起来尤其像树枝繁茂的植物，中间的柄会将食物运送给身体的各个部分。

Jaeger 贼鸥　贼鸥和海鸥与燕鸥同属一类，但是它们的习性却与隼和其他猛禽相似。在远海过冬的时候，它们会扮演海盗的角色，逼迫海鸥、剪水鹱和其他鸟儿放弃自己的战利品。在北极冻原筑巢季期间，它们会捕食小鸟和旅鼠。

Jingle shell 不等蛤　一种小型软体动物，外壳很薄，通常呈金黄色、柠檬色或者桃红色。不等蛤的空壳会成排堆积在沙滩上，据说当海风袭来或者潮汐涌入的时候，它们便会发出叮叮当当的响声。从西印度群岛到科德角都可以看到不等蛤的踪迹。

Killifish 鳉鱼　一种喜欢成群结队的小鱼，在浅滩、海湾和海岸边的沼泽地区可以见到由数千条小鱼所组成的鳉鱼大军。

Kittiwake 三趾鸥　一种小型的海鸥，是种族中最为辛劳的一种，因为它们是真正的海鸟，除了在迁徙期间，它们很少出现在内陆地区。三趾鸥会追随着横跨大西洋的客轮飞到很远的地方。

Knot 红腹滨鹬　一种长得有些像旅鸫的滨鸟，四月初会从南美洲飞到美国。它们的筑巢地长久以来都不被人所知晓，但是现在人们已经在格林内尔岛、格陵兰岛和维多利亚地区最荒凉和最偏远的地方找到了它们的踪迹。

Lateral line 侧线　在大部分鱼儿身上都可以看到侧线，侧线像一排气孔一样沿着鱼的肋腹从鳃盖一直延伸到鱼尾。在鱼的体内，这些气孔与一个充满黏液的长管道相连接，而这个管道又与许多感官神经相连接。据说，侧线可以使鱼儿探测到人耳几乎听不见的频率，甚至是低微的声波振动。在实际中，这意味着一条鱼可以在远处就能感觉到另外一条鱼的靠近；或者一条鱼可以判断附近是否有障碍物，例如石壁。根据最近的实验，侧线也可以帮助鱼儿检测水温的变化。

Launce 玉筋鱼　一种细长的圆柱形鱼儿，外表看起来有点像一条小鳗鱼。退潮时，玉筋鱼会把自己埋在潮汐线之间的沙子里。从哈特拉斯角到拉布拉多的沙滩上，玉筋鱼数量繁多，在近海海岸的浅滩上，其数量亦不在少数。像大多数其他成群活动的小鱼一样，它也是包括长须鲸在内的许多海洋猎食者的珍馐美食。

Lemming 旅鼠　一种形似老鼠的小型啮齿动物，主要生活在北极地区。它们长着短短的尾巴、小小的耳朵以及毛茸茸的脚。拉普兰旅鼠因为定期进行大规模迁徙而引人注目。在那个时候，它们会沿着所选择的方向成群结队地前行，毫不顾忌途中的重重障碍。当它们来到海洋之时，便会冲进海中，溺水而亡。

Line trawl
曳绳钓

一种捕捞底栖鱼的传统方法，尚未被现代的柴油驱动的网板拖网所完全取代。在用曳绳钓捕鱼的时候，每艘渔船后面都载有平底小渔船，上面安装着齿轮。曳绳钓由一条长长的基线构成，每隔五英尺上面就附有一条带着诱饵的短线。长线的每一端都被锚定，并且由浮标做好标记。每隔一段时间，渔民会拉起网线，收走被捕的鱼儿。

Longspur，lapland
铁爪鹀

雀和麻雀种族的一种，与北美歌雀的大小相近。在冬季，铁爪鹀偶尔会出没于美国北部和加拿大南部，而到了夏天，在加拿大北部、格陵兰岛和分散的北极岛屿的树线之外的筑巢地会看到它们的踪影。在西部平原，它们被描述成“一群队伍长而零散，齐声歌唱的鸟儿”。

Lookdown fish
月鲹

来自切萨皮克湾南部的一种非常奇特的鱼。它的身体高而扁平，两侧细窄，周身呈美丽的银色，闪着乳白色的光彩。它那长而直的轮廓以及高高的“额头”令人印象深刻，好像它正在俯视自己的鼻子一样。

Marsh samphire
海蓬子

海蓬子或者盐角草是一种生长在盐沼中的植物，在秋天会变成鲜红色，形成一片片颜色靓丽的土地。

Marsh treader 尺蝽　一种体形细长的水上昆虫，它小心翼翼地在睡莲的叶片或者水面上游走，观察着蚊子幼虫、划蝽和小型甲壳动物，伺机捕食。

May fly 蜉蝣　蜉蝣一生中的大部分时间都处于未发育成熟的幼期，在此期间，它们会生活在干净的淡水之中，时间长达三年。它们会在岸边和石头下面挖洞，或者在水底奔跑。到了成熟期，它们就会现身，交配、产卵、然后死亡，所有这一切在一两天之内便可完成。成年蜉蝣的生命已经成为那些朝生暮死的生物的象征。

Medusa 水母体　人们熟悉的形如钟、伞或者圆盘的水母被称为水母体。一些水母在其生命进程中，会有水母体和水螅体交替出现的情况。（见“水螅虫”）

Menhaden 油鲱　一群与西鲱和鲱鱼密切相关的鱼，从加拿大新斯科舍到巴西都有它们的踪迹。它们被人类大量捕捉，用来炼油、制作饲料和肥料，但是油鲱并非可食用的鱼。据说，油鲱是每个会游泳的大型捕食动物的美食，这些动物包括鲸鱼、鼠海豚、金枪鱼、剑鱼、鲭鱼以及鳕鱼。

Merganser 秋沙鸭　一种食鱼鸭，它们是专业的潜水员和水下游泳者。它们的喙上长着尖利的牙齿状的凸起，非常适合捕捉滑溜溜的猎物。

Mnemiopsis 淡海栉水母　这种栉水母长达四英寸，会成群结队地出没于从美国长岛到卡罗来纳州之间的区域。它们周身透明，闪闪发光，磷光熠熠。

Nereis 沙蚕　一种活跃而又优雅的生物，它是一种海洋蠕虫，体长因种类而有所不同，从二三英寸到十二英寸不等。沙蚕常常出没于浅水区域的石头下面和海藻丛中，有时候，也会在水面上游弋。沙蚕通常呈青铜色，闪耀着色彩斑斓的光彩。沙蚕那强壮的角质颚使它成为一个活跃的捕食者。

Noctiluca 夜光虫　这种单细胞动物（直径大约为百分之三英寸）是海洋的主要发光源之一，有时候会使大片水域发出强烈的磷光。白天的时候，成群漂浮的夜光虫会将海洋染成红色。

Oarweed 昆布　一种昆布属的棕色海藻，个头较大，叶片宽阔，质如皮革。较大的昆布生长在深水之中，但是常常被撕裂，冲到岸上。这种类型的海藻还有其他一些俗名，比如“魔鬼的围裙”“鞋底皮革”以及“巨藻”。这些藻类是人们已知的最大的植物之一。太平洋沿岸的相关物种可能有几百英尺长。

Old squaw 长尾鸭　一种因其焦躁不安而又活力四射的性格、聒噪的叫声和对冬季暴风雪天气的无所顾忌而闻名的海鸭。长尾鸭会在北极海岸繁殖后代，冬天的时候则会向南前行，到达切萨皮克湾和美国北卡罗来纳州海岸。雄性长尾鸭那长长的尾羽使其与任何其他鸭子相比显得与众不同，一眼就能区分开来。

Orca 虎鲸　又称“杀人鲸”，是海豚属的一员，但是它背上长着高高的鳍，这使得它很容易就可以与自己的近亲区分开来。成群的虎鲸会在海面上快速移动，攻击鲸鱼、海豚、海豹、海象以及其他大鱼。它们非常强壮，而且十分大胆。即使大型的鲸鱼在它们逐渐靠近时也会因恐惧而瘫软。

Otter trawl 网板拖网　一种大型的锥形网袋，沿着海底被拖着前行。网板拖网的平均长度是一百二十英尺，网口宽度是一百英尺。在拖曳过程中，网口会被两个沉重的橡木门打开，其高度可达十五英尺，这个高度可以使它们适应水的阻力，从而在水中互相拉扯，彼此远离。这两个门则逐一由长长的拖缆连接到船上面。

Pandion 鹗　鱼鹰（osprey）的学名。

Petrel, Wilson's 威尔逊海燕　这些小鸟常常被称为“凯莉母亲的小鸡”，夏季它们会飞到美国的海岸，冬季它们会返回位于南美洲边缘岛屿上的筑巢地，还有一些筑巢地位于南极圈内。人们对这种鸟儿很是熟悉，它们形似燕子，会跟随着船只的尾流，在水面上翩然起舞。

Phalarope
瓣蹼鹬

一种体形介于麻雀和旅鸫之间的小鸟儿。虽然它属于滨鸟，但是它冬季的活动范围却使其更像是属于远海的鸟儿。在迁徙期间，瓣蹼鹬会大量出没于海岸附近，但是它们会继续向南方前行，很可能会远远地穿过赤道。它们是游泳健将，在海上以浮游生物为食。据说它们有时候会降落在鲸鱼的背上，啄食附着在那里的海虱。

Plankton
浮游生物

浮游生物这个词源自希腊语中的“漫游者”，被用来统称所有生活在海洋或者湖泊表面或附近的微小植物和动物。浮游生物中的一些成员完全消极顺从，随波逐流，漂来漂去；其他的则能够积极地游来游去，寻找食物。然而，所有的浮游生物都会受到表层水域强烈的水流运动的影响。许多海洋生物在幼年期都曾经是浮游生物中的成员。大多数鱼类、底栖蛤类、海星、螃蟹以及许多其他动物都是如此。

Pleurobrachia
侧腕水母

这是一种小型的栉水母，身体大约长半英寸到一英寸之间，有很长的触须，呈白色或者玫瑰色。无论侧腕水母群聚在何处，它们都会吞噬大量的幼鱼。

Plover 鸻

一种滨鸟，但其通常不会像鹬那样在海浪边缘跑来跑去，而是待在海滩上较高一些的位置。其中，最为常见的种类是喧鸻和环颈鸻。要进一步区分鹬和鸻，就会发现，鸻在奔跑时昂着头，然后会像旅鸫一样猛然低头探寻，而鹬则是不断地低头探索，轻触地面。鸻会在加拿大和北极地区

（也有一些物种会在美国）筑巢，到了冬天它们会前往南部的智利和阿根廷。

Portuguese man-of-war 僧帽水母　许多人都曾看到这种生物美丽的蓝色浮囊漂浮在水面之上，尤其是在热带水域或者墨西哥湾流中最为常见。这种浮囊起到了蓄气器或者船帆的作用，并且悬挂着的触须能够伸展到四十至五十英尺长，用来锚定身躯。僧帽水母属于广义的水母类群，且被认为或许是种群中最危险的一种成员，人类被其蜇伤会导致严重的疾病，甚至死亡。

Pound net 建网　一种水下迷宫般的渔网，由连接到海底木桩上的渔网构成。建网的开口会安置在鱼儿通常的必经之路上，当鱼儿进入网中，便会在建网那若干个区域中穿游，很难再找到出路。在建网的最后一个区域被称为“罐”或者“槽”的位置还会有一层渔网。

Prawn 对虾　一种虾，对虾和虾这两个名称经常被交替使用，或者“对虾”可以用来指较大一些的虾类，而“虾”用来指较小一些的虾类。

Ptarmigan 雷鸟　一种像松鸡似的鸟儿，主要分布在东西半球的北极冻原上。在冬季，当冰雪覆盖了冻原上的食物供应时，雷鸟会成群结队地迁徙到内陆地区受保护的河谷地带。雷鸟偶尔在冬天会出现在美国缅因州、纽约和北部的其他各州。

Pteropod 翼足类动物　一种与普通蜗牛关系密切的软体动物，但是其在外表或生活习性方面与平淡无奇的蜗牛几乎没有什么相似之处。翼足类动物生活在海洋开阔的水域中，它们会优雅地在上层水域中游弋。一些翼足类动物有着薄纸一般的外壳；其他的则没有外壳，且色彩靓丽。有时候，翼足类动物会在附近大量出没，然后大部分被鲸鱼吞掉。

Purse seine 围网　一种包围型的渔网，在深水中用来捕捉水面上的鱼群。可以看得见的鱼儿才会被围网给捕捉到——无论是在白天的水中形成黑色色斑，还是在黑夜中发出耀眼磷光。围网呈圆形，被投入水中后形成悬挂着的垂直网墙，渔网的圆心便是鱼群。然后，通过拖拽围网底部的网线，渔网便会被围起或者拉起。下一步就是把渔网松弛的部分抓紧，将鱼儿聚集到“网身”，或者麻绳最结实的地方，然后用一种抄网将鱼儿从中取出来。

Radiolaria 放射虫　一种单细胞动物，仅仅生活在海洋之中，有时候足够大的放射虫可以用肉眼看到。通常放射虫都是包裹在一个二氧化硅质的骨架中，骨架结构精致，形似星星或者雪花的活物质会从骨架的孔隙中伸出来，长长的，如同射线一般。和有孔虫（参见该项）一样，它们的骨架也会沉入海底，形成大量的海洋沉积物。

Red clay 红黏土　一种海底沉积物，深海（超过三英尺深）所特有的沉积物，其覆盖面积比任何其他类型的沉积物都要大一些。它的基本构成物是水合硅酸铝，由于其所处的深度，红黏土中几乎不含有机物。

Round-mouthed fish 圆嘴鱼　一种海鱼，生活在海洋中层水域，长着一排排边缘为黑色，中间为银色的磷光器官。这种鱼本身会根据自己生活的水域深度而变换颜色，可能会从浅灰色渐变成黑色。（海水越深，越暗，圆嘴鱼的颜色也就越深。）它们的鱼嘴张开时又大又圆，因此得这一俗名。

Rynchops 剪嘴鸥　黑剪嘴鸥的学名。

Salpa 樽海鞘　一种生活在海洋里的透明的桶状动物。单个的樽海鞘体长大约一英寸或者更长一些，多个樽海鞘会一起聚居，形成群落或者链条。樽海鞘是展现出硬化的棒形物质产生初期的生物之一，这个棒形物质会不断发育，直到完全成为脊椎动物的脊椎骨；但是它或许是进化树的一个分支，并没有直接造成脊椎动物的发育。

Sand bug 鼹蝉蟹　从科德角到佛罗里达州的沙滩上，鼹蝉蟹甚是常见，它们会成群地生活在潮汐线之间。当海浪冲刷过后，沙滩上看起来有着严重的凹痕，通过调查通常会发现鼹蝉蟹正在薄薄的水面上缓缓爬行。它们身上覆盖着一个椭圆形的外壳，这样下方的尾巴或者腹部向前弯曲着便可受到保护。它们是寄居蟹的远亲，而寄居蟹会依靠另一种不同的装备来保护自己皮肤薄嫩的腹部（见“寄居蟹”）。鼹蝉蟹有时候会被称为“鼹蟹”（hippa crabs），这实际上来源于它们的学名“Hippa talpoida”。

Sand dollar 饼海胆

如果所有的海洋动物都像饼海胆的形状一样简洁，那么它们辨认起来就简单多了。圆而扁平的外皮或者甲壳让人立刻就会想到它的俗名——沙钱，而星形的身躯漂亮地蚀刻在甲壳上，表明了它与海星之间的亲属关系。通常，饼海胆生活在距离海岸不太远的海底，但是却常常被海浪冲到海滩上，所以在那里它的外壳相当常见。活生生的饼海胆外壳上面覆盖着柔软光洁的刺。

Sanderling 三趾鹬

一种体形较大的鹬类，也是海岸线附近特有的鸟类之一。它们的迁徙路线是鸟类中最漫长的路线之一，它们会在北极圈内筑巢，然后向南远行至巴塔哥尼亚地区过冬。

Sand flea 沙蚤

这些小型的甲壳动物是沙滩上重要的食腐动物，它们能够迅速地吞食死鱼和各种各样的有机垃圾。翻开一堆潮湿的海藻，几十只体长通常不到半英寸的沙蚤便会从里面身手敏捷地跳出来。一些种类的沙蚤生活在浅水区域中，而其他的则生活在潮湿的沙地或者海藻丛中。

Scallop 扇贝

扇贝的空壳在美国东西海岸都甚为常见。它们的壳呈扇形，醒目的放射肋从扇形的底部伸展开来，在许多物种中还会长出横向的突起的“翅膀”。扇贝像牡蛎与蛤蜊一样，都是可食用的软体动物，但是只有扇贝中用来开关贝壳的那一大块强壮的肌肉才可以食用。市场上所见到的就是扇贝的这一部分。扇贝绝非那种久处不动的贝类，而是会快速地张合贝壳，以一种不规则却又冲劲极强的动作在水中穿游。

Scomber 鲭

鲭鱼的学名。

Scup or porgy 变色窄牙鲷

这种青铜色和银色相间的鱼类在从马萨诸塞州到南卡罗来纳州的海岸水域中十分丰富。一些变色窄牙鲷会定期迁徙，从弗吉尼亚海岸的越冬地迁徙到新英格兰地区，然后在罗德岛和马萨诸塞州的海岸产卵。通常它们生活在水底，但是有时候它们也会像鲭鱼一样成群游到水面上。

Sea anemone 海葵

在平静进食过程中的海葵看起来十分像一株菊花，但是一旦它受到打扰，这种花朵般美丽的幻象便会烟消云散，我们就会看到一个相当不讨人喜欢的动物，形似水桶，看起来软塌松弛。它那所谓的“花瓣”其实就是海葵在觅食过程中伸出的无数条触须，通过发射出蜇人的小“飞镖”来捕捉小型动物。海葵与水母和珊瑚动物是近亲。它们常常有着精致而又美丽的颜色，大小介于十六分之一英寸到若干英尺之间。少数海葵常常会出没于潮水池中，或者生长于码头桩子上。

Sea cucumber 海参

海参与它们的近亲海星和海胆几乎没有任何相似之处。它们的外观有点像蠕虫，皮肤坚硬，肌肉发达。它们会在海底缓慢地移动，吞食沙子或泥土，从中吸食少量的有机食物。当它们受到敌人骚扰时，它们会用一种奇怪的方法进行防御：它们会将自己体内的器官大量射出来，然后在空闲的时候再让这些器官再生。干海参被称为“trepang”或是“bêche-de-mer”，中国人用其来熬汤，而欧洲人则会食用带卵的海胆。

Sea lettuce 海白菜

一种浅绿色的海藻，叶片扁平，叶丛茂盛。虽然这种植物的叶子薄如纸片，但是却常常生长在岩石上，承受着海浪的沉重拍击。

Sea raven 美绒杜父鱼

这种鱼或许是杜父鱼种族中最奇怪的成员了，长着巨大多刺的脑袋、参差不齐的鱼鳍以及扎人的皮肤。它们出没于拉布拉多到切萨皮克湾的沿海水域，在科德角北部数量最多。当这种鱼被人从水中捞起来的时候，它们的身体会像气球一样膨胀，如果将其再次扔回水中，它们会无助地仰面漂浮在水面上。这种鱼不会在市场上进行出售，但是海岸渔民经常会将捕捉到的美绒杜父鱼用作捕捉龙虾的诱饵。

Sea robin 鲂鮄

一种主要生活在从美国南卡罗来纳州到科德角之间的鱼类，也有一些鲂鮄生活在远北地区的芬迪湾。在外观上，鲂鮄和美绒杜父鱼以及其他杜父鱼有些相似，都有着宽阔的头部和巨大的胸鳍（鳍就长在鳃的后面）。鲂鮄常常躺在海底，扇形的鱼鳍舒展开来，若是受到惊扰，它便会将身体埋入沙子中，只露出眼睛。鲂鮄什么都吃，从虾、枪乌贼和贝类到小比目鱼和鲱鱼，这些都是它的美食。

Sea squirt 海鞘

海鞘有着皮革质的囊状身体，当被碰触的时候，它那仿若短茶壶嘴一般的两个开孔便会喷射出水流。它们会依附在石头、海藻、码头桩子之类的东西上慢慢生长，通过体内结构中一个复杂的系统将可以食用的动物从水中滤出。海鞘属于无脊椎动物与脊椎动物之间的一个种群。在日本、一些南美洲国家以及某些地中海港口，海鞘都是人们的盘中美味。

Shearwater 剪水鹱

一种海鸟，只有在暴风雨偶尔将其驱赶过来的时候，它才会出现在美洲海岸水域附近。其中一个物种 —— 一种大型的剪水鹱——会进行引人注目的迁徙。显然，大型剪水鹱的所有成员都会在南大西洋上偏远的特里斯坦—达库尼亚群岛上繁殖后代。在那里它们会在地下深处、杂草丛生的隧道中筑巢。每年春天，它们会启程，向北迁徙，这会使它们到达新英格兰地区近岸水域，从五月中旬一直到十月中旬或者到十月底，它们会一直在那里生活。然后，它们会穿过北大西洋继续向南前行，沿着欧洲和非洲海岸，最后返回它们在岛屿上的家园。据说，这样一圈的海洋之旅可能要花费一只鸟儿两年的时间才能完成，而它们的繁殖周期可能也是两年一次。

Sheepshead 羊头原鲷　一种生活在从马萨诸塞州到德克萨斯州之间海岸水域中的食用鱼。它们几乎总是会出没于古老的沉船、防波堤和码头附近。之所以称其为“羊头原鲷”，这可能是因为其头部的特殊形状，尤其更可能是因为那巨大的、似羊牙状的牙齿。

Shrimp 虾　活生生的虾看起来就像是一只微小的龙虾。只有节节相连、“尾巴”灵活的虾才会被带到海鲜市场上进行出售，它们的头部在食品加工厂会被去除，因为头部的肌肉太少了。

Silver eel 银鳗　在迁徙过程中的鳗鱼有时候会被称为“银鳗”，这是因为它们的腹部呈银色，看起来光彩熠熠。

Silverside 银汉鱼　一种细长的小鱼，身体两侧长着银色的条纹，生活于淡水或者海水之中。这种鱼常常成群结队地大量出现在沙质的海岸线附近。

Skua 猎鸥　猎鸥是公海上的鸟类海盗。在冬天，它们会大量聚集在新英格兰地区的渔场上，在那里它们会恐吓那些并不好战的海鸥、暴风鹱、剪水鹱以及其他鸟儿，迫使它们放弃自己捕捉到的鱼类、枪乌贼或者其他食物。猎鸥的巢穴分布在格陵兰岛、冰岛和遥远的北方岛屿上。

Snow bunting 雪鹀　有时候也被称为“雪花”，这种小鸟属于雀科。它们会在北极圈内筑巢，到了冬季则会向南方游荡而去，直至遥远的加拿大南部和美国北部地区。

Soldier fly 水虻　一种因其成虫身上的灰色条纹而得名的昆虫。其中一些物种的幼虫生活在水中，呈纺锤形，看起来死气沉沉，它们可以通过一个伸出水面的长长的气管吸取氧气。

Spadefish 白鲳　这种鱼的身体几乎是圆形，两端扁平，因此在某些地区这种鱼被恰如其分地称为“月亮鱼”。它的体长在一到三英尺之间，习惯性地会在沉船、码头桩子和岩石中间觅食，搜寻带壳的动物。它们生活于马萨诸塞州到南美洲之间。

Spot 斑鳟　这种鱼被称为斑鳟是因为每条鱼的肩部都有一个单一的青铜色或者黄色的圆形斑点。斑鳟生活在从马萨诸塞州到德克萨斯州的沿海水域之中，是一种常见的食用鱼。雄性斑鳟会发出鼓一般的声音，和石首鱼所发出的声音很像，但是音量却要小一些。

Squid 枪乌贼　大西洋海岸常见的枪乌贼大约有一英尺长，而且经常大量出现在沿岸的水域之中。枪乌贼在渔业中被广泛地用作诱饵。这种动物因其快速敏捷的身手以及改变颜色适应周围环境的能力而闻名。枪乌贼像牡蛎和蜗牛一样，都是软体动物，但是它们的壳已经变成了一种细长的角质内部结构，被称为“笔”。这些小型的枪乌贼与大名鼎鼎的巨型乌贼除了尺寸大小不同之外，几乎无任何差别，已知的最大的巨型乌贼，包括伸展开来的触须在内，体长可达五十英尺。

Sting ray 魟鱼　　魟鱼的身体扁平，大约呈四边形，长长的尾巴似鞭子状，长着锋利的刺，这使人立刻就能够认出。魟鱼的尾巴能够造成极度疼痛的伤口。魟鱼生活在从科德角到巴西之间的海岸附近，有时候也会出现在近海渔场的浅滩之中。它们与鳐鱼和鲨鱼是近亲。

Teal 水鸭　　虽然身形较小，但蓝翅水鸭是鸭子中最敏捷的一种。它们的迁徙范围很广，从纽芬兰和加拿大北部一直延伸到最南边的巴西和智利，尽管其中的许多成员会在中大西洋地区这一纬度过冬。

Tern 燕鸥　　一种海岸特有的鸟类。通过它们的飞行习惯，人们一眼就能辨认出来，它们飞行时会低头扫视水中，寻找鱼儿的踪迹，一旦有所发现，便会潜入水中进行捕捉。它们会大量聚集成群落，在偏远的沙滩或者近海的岛屿上筑巢。燕鸥的一个物种——北极燕鸥——是有记录以来，迁徙路线最为漫长的鸟儿之一，从北美洲北极地区出发，途经欧洲和非洲，最后到达南极地区。

Turnstone 翻石鹬

翻石鹬一旦被人们看到，便永远不会被忘记，因为这种滨鸟那黑色、白色和红棕色相间的色彩靓丽的羽毛是如此的奇美。它的俗名源于它使用短喙翻动石头、贝壳和海藻片来搜寻沙蚤或者其他藏在石头底下的少量珍馐的习性。翻石鹬也被称为“印花布鸟”。

Water boatman 划蝽

几乎每个站在平静的小溪或者池塘旁边的人都曾看到过这种小昆虫，看着它们这些“船夫”在水面上划行。划蝽那椭圆形的“船身”只有大约四分之一英寸长；那“船桨”，即它们的后足，非常扁平且边缘长满纤毛。令人惊奇的是，一些划蝽的飞行技能很好，在夜间便会纵情飞行，沉溺于自己的天赋之中；一些划蝽还会通过一起揉擦前足而演奏一曲优美的乐章。

Whiting 牙鳕

一种身强力壮且精力充沛的鱼类，它们会从水底漫游至水面猎捕食物，其猎物主要包括所有比它们体型要小的鱼群。有时候牙鳕也称“银鳕鱼”，因为它们与鳕鱼是近亲，但是它们却比鳕鱼更加活跃，更加细长。它们生活在从巴哈马到大浅滩之间，从有潮水域向下至大约两千英尺深的水域都是它们的活动范围。

Widgeon grass 川蔓藻

一种水生植物，是水禽广泛享用的食物。川蔓藻那黑色的小种子和藻体本身都可以食用。川蔓藻生长在沿岸稍有咸味的水域中（有时候也生长在咸涩的水中），也会在内陆的碱性水域中生长。

Winged snail

翼蜗牛

见“翼足类动物”。

Yellowlegs

黄脚鹬

大黄脚鹬和小黄脚鹬有时候被称为“告密者”或者“闲谈者”，因为它们习惯在有危险靠近的时候，大声鸣叫，警告那些不够机警的鸟儿。小黄脚鹬在春天很少出现在大西洋沿岸，因为它们的迁徙路线是从美国密西西比州上空飞到位于加拿大中部地区的繁殖地。这两种黄脚鹬在秋季的东部沙滩上都会现身，这群大型的滨鸟腿部都呈显眼的黄色。到了冬天，它们会南飞，直至到达阿根廷、智利和秘鲁。